# 高分遥感云服务与物联网技术融合的城市应用关键技术

吕京国　李现虎　江　珊　杨幸斌　著

北京航空航天大学出版社

## 内容简介

本书介绍了当前信息技术的发展及城市精细化管理的必要性，物联网技术在城市管理方面的应用，高分遥感技术提取城市典型地物要素的方法，云计算服务平台的总体设计和研制，典型地物要素在城市管理中的应用等。

本书可供计算机科学与技术、遥感、测绘学、地理信息科学等相关领域的研究人员和开发人员使用，亦可作为高等院校相关专业的本科生、研究生教学用书和参考用书。

**图书在版编目(CIP)数据**

高分遥感云服务与物联网技术融合的城市应用关键技术 / 吕京国等著. -- 北京 ：北京航空航天大学出版社，2019.1

ISBN 978-7-5124-2933-8

Ⅰ. ①高… Ⅱ. ①吕… Ⅲ. ①互联网络—应用—城市管理②智能技术—应用—城市管理 Ⅳ. ①TU984-39

中国版本图书馆 CIP 数据核字(2019)第 016949 号



**高分遥感云服务与物联网技术融合的城市应用关键技术**

吕京国　李现虎　江　珊　杨幸斌　著

责任编辑　胡晓柏　张　楠

*

北京航空航天大学出版社出版发行

北京市海淀区学院路 37 号(邮编 100191)　http://www.buaapress.com.cn

发行部电话:(010)82317024　传真:(010)82328026

读者信箱: emsbook@buaacm.com.cn　邮购电话:(010)82316936

北京九州迅驰传媒文化有限公司印装　各地书店经销

*

开本:710×1 000　1/16　印张:9　字数:192 千字

2019 年 1 月第 1 版　2019 年 1 月第 1 次印刷

ISBN 978-7-5124-2933-8　定价:36.00 元

---

# 前 言

在当前信息技术快速发展的形势下，卫星技术结合物联网、云计算更加智慧地影响和改变着人们的工作和生活。卫星应用与云技术深入融合，使卫星应用的云时代成为惠及人民大众的有效手段。目前，随着我国经济的快速增长，城市规模的迅速扩大，流动人口的大幅度转移及治安形势的复杂化，使得城市管理的难度大大提高，原有的城市粗放管理已经不能适应现代城市发展和管理的需要。

城市管理所涉及的主要业务领域的特点及需求有以下几点：(1)城市建筑物能耗监测；(2)城市建筑物形变监测；(3)城市水体容积监测；(4)城市水体水质监测；(5)城市道路内涝风险监测。面向城市应用需求，本书结合传感、识别、定位等物联网数据的采集与应用技术，融合高分信息，实现既有数据和城市管理应用平台的规划协同和有机融合，支持应用综合评价，提升城市建设运营水平和信息消费水平。

本书共分 9 章。第 1 章绪论，介绍了本书的写作目的和所做工作的科学意义。第 2 章，现有技术的国内外现状和发展趋势，指出了目前存在的问题。第 3～4 章，高分遥感与物联网技术融合的总体方案和具体实施途径。第 5～7 章，高分辨率遥感数据处理的原理和方法。第 8 章，高分遥感云服务平台建设。第 9 章，分析了本书所做工作的经济效益和社会效益。

本书可供计算机科学与技术、遥感、测绘学、地理信息科学等相关领域的研究人员和开发人员使用，亦可作为高等院校相关专业的本科生、研究生的教学用书和参考用书。

本书在出版过程中，得到中国资源卫星应用中心、中科院遥感地球研究所、中科院地理科学与资源研究所和贵阳人防大数据应用工程技术研究中心等相关单位及有关专家的大力支持和帮助，特别是王思远研究员、赵西安教授、张学珍副研究员、袁静博士、杨德贺博士、王青松高工、曲宁宁高工、谢利军高工、余林高工、黎元工程师和何桂林工程师等各位专家和同仁的帮助。编者对各位的辛勤付出表示衷心的感谢。

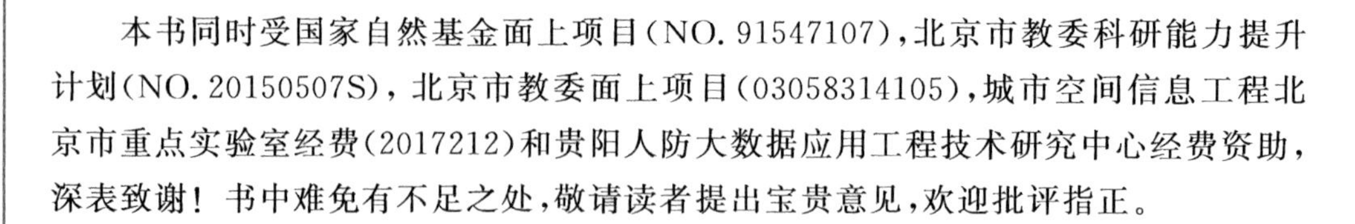

本书同时受国家自然基金面上项目(NO. 91547107),北京市教委科研能力提升计划(NO. 20150507S),北京市教委面上项目(03058314105),城市空间信息工程北京市重点实验室经费(2017212)和贵阳人防大数据应用工程技术研究中心经费资助,深表致谢!书中难免有不足之处,敬请读者提出宝贵意见,欢迎批评指正。

作　者

2018-06-19

# 目　录

# 第1章 绪论

## 1.1 引言

随着我国经济的快速增长、市场的快速发育、城市规模的迅速扩大、流动人口的大幅度转移及治安形势的复杂化，城市管理的难度大大提高。现代城市管理面临严峻挑战，如环境污染、生态失衡、交通拥挤、贫困、失业、社会治安等问题，粗糙的城市管理理念、方式和手段已滞后于现代化管理的要求，主要表现在：计划（规划）不精细、忽视细节的控制、管理指令和标准模糊等、城市基础设施粗制滥造、公共产品质量低劣以及技术手段落后等。

在城镇化快速发展的今天，随着城市规模的扩大、城市内涵的丰富以及人民群众对人居环境要求的不断提高，原有的城市粗放管理已经不能适应现代城市发展和管理的需要，实施精细化管理已成为现代城市管理的新要求。城市管理所涉及的主要业务领域的特点及业务需求如下：

### 1. 城市建筑物能耗监测

为响应国家节能减排的号召，住建部下发《关于切实加强政府办公和大型公共建筑节能管理工作的通知》，通知要求深入推进建筑能耗监测体系建设和加强对空调温度控制情况的监督检查。建筑节能的目标就是要降低建筑物实际运行过程中的能源消耗。

利用高分数据和物联网技术，可对建筑物室内外的温度进行实时监测，对智能电表、水表和气表数据实时采集，获取建筑物能耗监测数据。较之传统方式，该技术的运用能够提高数据的服务准确度、缩短服务时间，节省人工、设备、费用成本，为各级政府行政管理部门在制定节能减排目标，编制相关发展规划及政策法规和标准规范提供参考依据；促进节能管理，在不增加其他任何投资的前提下降低运行能耗，同时为建筑节能改造提供指导。

### 2. 城市建筑物形变监测

随着科学技术的迅猛发展和我国现代化进程的不断加快，城市各类高耸建筑物和重要建筑物日益增多。由于建筑物的增高、荷载的增加，在地基基础和上部结构的共同作用下，建筑物将发生形变、不均匀沉降等，轻者将使建筑物产生倾斜或裂缝，影响正常使用，重者将危及建筑物的安全。对城市建筑物的形变进行监测能够有效控制建筑物的不安全风险，防范建筑物形变带来的经济损失。

城市建筑物结构体型的复杂化造成了不利的监测环境，人工测量的监测方法耗时耗力，受到多种条件制约，监测数据也无法避免过多的人为误差，监测结果质量较差。利用物联网技术辅助高分遥感技术对城市建筑物形变进行监测，能够实时传输数据，监测建筑物的稳定性，验证有关地基、结构设计参数的准确性、可靠性，分析、研究建筑物变形规律和预报变形趋势，找出原因并采取措施，以保证建筑物运营安全。服务成本低，监测结果效用高，降低了由建筑物形变造成的社会经济效益的损失风险，为城市建筑物管理提供有效的决策支持。

### 3. 城市水体容积监测

在监测城市水体容积方面，高分数据具有视野广、周期快、资料新、信息多、约束少、量算准和成本低的先天优点，成为城市水体容积监测的有效手段。根据水体在近红外和红外部分几乎全吸收及雷达波在水中急速衰减的特性，应用高分影像能获得准确的水边线位置，可以从空间上实现对水面的动态、宏观监测。而物联网数据具备实时获取、信息翔实的优势，与高分数据进行融合，实现遥感信息和物联网信息的集成，能够极大的提高监测精度、速度及可靠性。使用高分数据与物联网数据融合技术进行城市水体容积的监测，较传统监测方法在数据获取、人员使用、设备消耗等方面的成本大大减少，同时节约了工作时间、提高了工作效率，避免了诸多人为或仪器造成误差的可能性，精确度和可靠性大大提高。这种方便、快捷、高效的监测技术，为城市水体资源现状的宏观调查、城市生态环境改善的研究提供了有效的技术支撑，为主管部门和科研部门分析、监督、规划等决策制定提供科学的依据。



### 4. 城市水体水质监测

水资源短缺的今天，水资源质量与数量具有同等重要性，监测和治理水污染是一项愈来愈繁重的任务。由于污染改变了天然水的颜色、表面特征和温度，所以无论热污染、油污染、水生生物（藻类）等污染，在光谱特征上均有相应的反应。用高分遥感技术监测水质可以反映水质在空间和时间上的分布情况和变化，并发现一些常规监测方法难以揭示的污染源和污染物迁移特征，具有监测范围广、速度快、成本低和便于进行长期动态监测的优势。随着遥感技术的不断发展和对水质参数光谱特征及算法研究的不断深入，遥感监测水质逐渐从定性发展到定量，通过遥感可监测的水质参数种类逐渐增加，反演精度也不断地提高。物联网数据对高分数据的辅助和验证，应用于水质遥感监测大大地提高了水质参数的遥感估算精度，实现了实时动态地掌握水质动态信息，全面、科学、真实地反映被监测区域，同时在水质的科研领域中

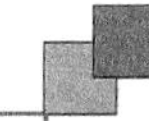



对于没有时空特殊性的水质遥感监测算法的研究也应运而生。

### 5. 城市道路内涝风险监测

目前城市内涝已成为困扰城市健康发展的难题,必须进行有效的灾害管理以最大限度地降低对城市居民和社会经济财产造成的损失。当前国际灾害管理发展的趋势是风险管理取代灾害管理,因此对城市内涝进行实时监测和风险分析十分必要和紧迫。

当前灾害的预测预报信息和通信指挥系统各成体系,未做到信息资源共享;已有建设项目集成与系统化不够,缺乏对防灾减灾的科技平台的建设;灾害的监测、评估还缺乏统一标准,难以相互比较和分析;基础设施建设、科研设备购置、防灾减灾基础研究和先进技术推广应用等多方面资金投入不足。

将遥感技术和物联网技术应用于城市道路内涝监测及风险评估,以高分数据及物联网数据建立信息数据库,辅助监控、决策、指挥、发布系统,对城市信息系统进行新建和再造,实现信息快速收集、传播和交互,为抢险救灾、灾害评估和灾后重建规划提供及时有效的信息综合服务,协调各部门的行动,做到统一的信息共享和指挥,也为今后综合减灾与风险管理提供了参考模式。高分数据与物联网数据融合能够实现精确、高效、全时段和全方位的城市管理,是城市管理机制的创新和突破,以其统一高效、数据全面、综合分析、快速响应等特征全面满足救灾现场智能化管理事前规划的需要,并能为城市社区灾害风险规划与管理提供决策依据。

高分数据和物联网数据的融合实现了两种数据的优势互补,大大提高了数据的服务能力、降低了服务成本、扩展了服务效益,在城市建筑、水体、道路监测等领域的实际应用也取得了明显效果。今后,高分数据和物联网数据的融合技术将渗透到科学研究和应用的各个领域,从系统上对城乡进行精细化管理,为城市部门开展资源调查、动态监测、科学决策提供依据,促使城镇管理形成“局部管理全局化”、“宏观管理精细化”、“宏观与微观管理相融合”趋势,提高城镇精细化管理水平。随着技术的完善、应用程度的提高和应用范围的扩大,高分数据和物联网数据的融合技术对我国城镇化可持续发展与智慧城市建设的各个方面,会产生越来越深刻的影响。

面对提升我国城乡建设精细化管理水平这一共同目标,将高分数据与物联网数据有机结合,充分利用集成信息构建满足城市精细化管理的各类应用,实现既有数据和城市管理应用平台的规划协同和有机融合,已成为提升城市建设、运营水平和信息消费水平的必由之路,对创新现代化城市精细化管理的模式、促进我国城镇化的健康发展和城市的可持续发展等方面具有重大意义。

## 1.2 必要性分析

在当前信息技术快速发展的形势下,卫星技术结合物联网、云计算,更加智慧地影响和改变着人们的工作和生活。卫星应用与云技术深入融合，使卫星应用的云时代成为惠及人民大众的有效手段。目前已有的卫星导航与互联网云计算、移动网等技术碰撞产生的中国位置云平台，开创了卫星导航的云时代。它将利用位置服务开创更加智慧的政府决策、企业运行和个人生活。而卫星应用产业如何更进一步开创云时代，是人们需要共同探讨和努力实践的新课题。卫星及其应用产业是国家战略性新兴产业，在推进我国经济结构调整中发挥着十分重要的作用，已经成为信息产业的重要经济增长点，国家支持卫星及其应用技术的发展。

本书提出了面向典型城市应用需求，结合传感、识别、定位等物联网数据的采集与应用技术，融合高分信息，实现既有数据和城市管理应用平台的规划协同和有机融合，支持应用综合评价，提升城市建设运营水平和信息消费水平的研制目标。目前国内多家单位，如北京建筑大学等初步具备了高分遥感数据处理、云服务平台研发及典型城市应用示范能力，但是尚未将高分技术与物联网技术融合应用，搭建部级行业节点和行业管理信息服务平台，也没有形成国产高分卫星及物联网融合数据的示范性处理能力，尚未具备行业高分与物联网融合数据分发的网络和服务能力。

高分辨率遥感影像具有高空间分辨率、高清晰度、信息量丰富及数据时效性强等优点，利用高分辨率遥感影像，可以在获得丰富的地物光谱信息的同时获取更多的地物结构、形状和纹理等细节信息，使在较小的空间尺度上观察地表的细节变化成为可能。面对制约我国城镇可持续发展的问题，我国已开始利用高分遥感数据开展城市精细化管理。物联网是新一代信息技术的高度集成和综合运用，充分整合传感器技术、智能标签技术、新一代通信技术、数据处理和挖掘技术的优势和特长，具有高度自动化和智能化的特点。以物联网等新一代信息技术的应用和发展为依托打造面向知识社会的下一代创新模式，不仅是当今经济社会与城市发展的必然要求，对全面提升国民经济和社会生活信息化水平、推动产业结构调整具有重要意义，也有利于进一步促进城市管理和公共服务方式向精细化、智能化、社会化方向转变。物联网技术能够很好地解决不同业务领域中数据的采集、传输、分析处理再到综合运用的问题，成为改善现代生产、生活以及实现城市管理模式创新的有效途径。近年来，物联网在城市安全运行与管理领域的应用逐渐兴起，并应用于城市精细化管理的各个方面，成为信息采集和城市创新管理的重要手段。将高分数据与物联网数据进行有效融合、实现优势互补，将为城市建设、运营水平和信息消费水平带来极大的提升，开创城市精细化管理的新模式。

# 第2章

# 国内外现状和发展趋势

## 2.1 现状和趋势

### 2.1.1 高分遥感数据应用

自1999年美国太空成像公司发射世界首颗商业高分辨率遥感卫星IKONOS以来，一度披着神秘面纱的高分辨率卫星影像日益为普通百姓所熟悉，而且正在成为人们生活的一部分。高分辨率卫星影像为人们认识地球、人类的家园以及生活的环境提供了一个新的窗口。目前，几乎任何人或国家都可以购买世界任何地区的商业高分辨率卫星影像，只要单击鼠标，就能在网上浏览所在城市的高分辨率卫星影像。高分辨率遥感卫星所带来的巨大军事与经济效益，引起全球民用与军事应用领域的高度重视，出现了各国竞相研究开发高分辨率遥感卫星及其应用技术的热潮，在短短的7年内有了飞速的发展，出现了技术不断扩散的发展趋势。目前，在轨运行的各种高分辨率遥感卫星有十多颗，未来五年内计划发射的卫星也有数十颗，一些中小国家或地区，如韩国、以色列等，已拥有或计划发射高分辨率遥感卫星，可见这一技术领域的竞争将变得日益激烈。高分辨率遥感卫星的不断发展及技术的扩散既为人们提供了新的机遇，同时也提出了严峻的挑战。新的机遇是可利用的高分辨率卫星影像资源得到了极大的丰富，面临的挑战是大量公开、不加限制地出售高分辨率卫星影像，对如何有效地保护国家安全利益提出了新的课题。高分辨率遥感卫星技术的日益成熟与影像数据资源的日益丰富极大地促进了其应用领域的扩展，在军事与民用领域具有十分广阔的应用潜力。

高空间分辨率遥感卫星最初是用来获取敌对国家经济、军事情报，以及地理空间数据。目前常用的高空间分辨率卫星有法国的SPOT卫星，美国的IKONOS、QuickBird、GeoEye、Landsat-7、WorldView等卫星，日本的ALOS卫星和印度的IRS卫星等，空间分辨率最高可达0.5 m。城市是人口、资源、环境和社会经济要素高度密集的综合体，对城市进行精细化管理必须关注城市的内部细节。传统的遥感影像受分辨能力的限制，不能清晰分辨城市建筑、桥梁、道路、生活区、各类绿地、水体等尺寸相对较小的地物，而高空间分辨率遥感影像数据量是相同面积中低分辨率数据的 100 倍以上，地物景观的结构、纹理和细节信息清晰，它的出现使得在较小空间尺度上观测地表细节变化、进行大比例尺遥感制图以及检测人为活动对环境的影响成为可能，具有广阔的应用前景。它已经在城市生态环境评价、城市规划、地形图更新等方面被证明有巨大的应用潜力。

地物的波谱特性主要取决于其本身的物理结构和内部化学组成，是遥感识别和分类的重要依据。相对于传统的多光谱分辨率的遥感技术，高光谱遥感数据所特有的高光谱分辨率不仅可以获得目标地物连续的光谱曲线，提高遥感定性分类的精度，还能根据地物特定波长处的反射和发射强度，区分同一种地物的不同类别，估算出植物的生物物理和生物化学参数、植被生物量、光合有效辐射、地表温度等定量信息。高光谱遥感所具有的光谱分辨率高、信息量大、谱像合一的特点，是传统的遥感技术无法比拟的。高光谱遥感的这些特点，使得对地物的分类识别、物化信息的提取和预测的广度、深度和精度被大大提高，遥感技术从定性为主向更高精度的定量遥感发展，同时其所拥有的巨大的信息量为其向更广领域的拓展提供了巨大的潜力。高光谱遥感在城市绿地调查、景区资源保护、城市水质监测以及绿色建筑监管等领域都有广泛应用，并将会在更多更广的城市建设管理领域中发挥越来越重要的作用。

随着我国近年来发射成功风云系列气象卫星、中巴资源卫星、遥感系列卫星、资源系列卫星、高分系列遥感卫星以及自主研发的各类航空载荷等，我国自主遥感卫星数据的性能指标不断提高，卫星遥感应用和服务能力不断提升，为城市精细化管理遥感应用提供稳定、可靠的数据源已成为可能。

### 2.1.2　物联网技术应用

物联网(Internet of Things)这一概念，是于 1999 年提出来的，目前对物联网的理解是：将各种信息传感设备，如感应式传感终端 RFID(射频识别)装置、生物传感器、速度传感器、液位传感器、温度传感器、气敏传感器、位置传感器、光敏传感器等、卫星定位导航系统(“GPS”、“北斗”)、信息识别扫描设备等与互联网结合起来，组成一个巨大的网络，然后将涉及的所有“物品”都纳入这个网络，方便识别、管理、控制、预报警。物联网利用传感设备采集“物品”信息(包括位置、状态、运行情况等)，通过无线网络、有线网络、互联网与信息管理中心的数据库系统进行信息数据交换。

物联网是新一代信息技术的重要组成部分，物联网利用局部网络或互联网等通信技术把传感器、控制器、机器、人员和物等通过新的方式联在一起，形成人与物、物与物相联，实现信息化、远程管理控制和智能化的网络。物联网是新一代信息网络技术的高度集成和综合运用，是新一轮产业革命的重要方向和推动力量，对于培育新的经济增长点、推动产业结构转型升级、提升社会管理和公共服务的效率和水平具有重要意义。

目前，随着电子芯片技术和相关标准、硬件、软件系统的发展，物联网已经在多个领域展开了应用，如物流及仓储和售卖系统早期和现今的许多物流仓储和售卖系统，仍然采用条形码技术来实现，一般是利用人工手执固定式广电设备进行物品相关信息的读取，效率低下，成本增加。而引入物联网技术，通过在物品中嵌入无线射频芯片（RFID），在芯片中存储物品信息，由非接触电子式设备进行信息的读取，使物品在转运过程中即可完成诸如信息读取、价格数量统计、物品分类管理等功能，能够极大地提高工作效率，缩短等待时间。另外，港口、海关货物通关报关系统；电力行业自动化抄表、监控系统；农产品加工生产及养殖管理系统等，均已不同程度地引入了物联网相关技术并加以实现。物联网将各种不同类型的感知网络互联，结合应用地理信息系统、空间信息系统，通过传感节点和城市基础设施相结合，感知它们的环境、状态、位置等信息，有针对性地进行传感数据的连接和信息融合，在建立城市管理各应用子系统的同时还应该不断进行技术、业务、应用创新，以满足经济、社会发展的需求。

由于城市管理具有地域广、环境复杂等与单一封闭性管理系统不同的特点，如何高效、可靠、低成本、安全地进行各类信息数据的传送，只依靠有线网络无法完全胜任，也成为城市管理中的一大难题。而近年来无线网络技术的发展，使上述问题和难题得到了有效的解决。目前能够满足低成本、近距离、低功耗的无线通信技术有：蓝牙、Wi－Fi、ZigBee、Z－wAVE等，大都工作在2.4 GHz和868/928 MHz频段中。这些相关技术主要是在传感器之间协调通信，也可以作为物联网网关的感知层通道，在传感终端和物联网网关中起到中继汇节点的作用，为各类传感器或动作设备与管理系统之间实现数据交换、数据传送提供了良好的桥梁作用。而且采用上述技术的感知发送和接入层，具有设备成本低、体积小、高度集成、可以无电源操作和采用电池供电等特点，能够满足城市管理中数据汇聚节点的作用。

而电信技术的发展，相应的无线远程网络技术：GPRS、CDMA1X、3G等高速无线IP数据接入方式的应用，为城市管理中各类信息数据的高速传送提供了可能。同时，我国“北斗”定位和导航卫星的发射组网部署成功和投入使用，也使城市管理中的定位和导航不至于只能采用国外卫星如“GPS”技术，从而为城市管理增加了安全性。国产“北斗”系统还具备短消息双向传送功能，更能满足电信企业无线网络无法到达的地方（目前采用“GPS”卫星技术进行定位和管理的系统一般是定位终端接收卫星信号，采用电信企业的短消息、GPRS、3G通道把定位信息传送到控制中心的地图上并显示）。因此，采用国产“北斗”系统极大地增强了网络终端的延伸，这项技术在几次抢险救灾中得到了很好的应用。

在城市管理中引入物联网技术作为城市管理体系中的信息体系与技术支撑体系，并结合地理信息系统（GIS），为整个系统提供各种感知终端数据，并提供感知数据的传送通道，使实时的感知数据能够快速、准确、安全、高效地传送到管理系统中。作为基础数据提供给管理系统中各应用子系统的使用，便于专家体系进行数据挖掘、分析、应用，进行风险评估，建立风险管理体系，并应用于城市管理系统中，提升城市管理水平，实现数字(智能)化城市管理。

### 2.1.3　高分与物联网融合数据应用

在城市建设和管理中，高分数据和物联网数据已经分别应用于诸多领域，为城市的建设和管理带来了巨大的经济效益和社会效益，但两者的结合应用尚处于研究阶段，将高分数据与物联网数据有机融合，将大大提高城市的精细化管理。随着我国经济的快速增长、市场的快速发育、城市规模的迅速扩大、流动人口的大幅度转移、治安形势的复杂化，使得城市管理的难度大大提高。现代城市管理面临严峻挑战，如环境污染、生态失衡、交通拥挤、贫困、失业、社会治安等问题，粗糙的城市管理理念、方式和手段已滞后于现代化管理的要求，主要表现在：计划（规划）不精细、忽视细节的控制、管理指令和标准模糊等、城市基础设施粗制滥造、公共产品质量低劣以及技术手段落后等。为做好城市管理工作，应当改变传统粗放化城市管理方式，引入城市精细化管理的概念，应用高效率低投入的高新技术手段解决当前存在的粗放管理问题，以完善城市管理结构，从而真正地实现城市的精细化管理。将管理水平提高到新的阶段。

城市实现精细化管理要从理念、机制、流程等方面进行一定转变，同时还需要利用快速发展的信息技术来辅助实施精细化管理的理念、机制和流程，业务管理对象更精确、流程更到位，采集的数据也将更细致。从空间上来看，城市具有自然空间、物质空间、生活空间和信息空间，城市信息空间是随着信息技术的快速发展逐渐成为城市必不可缺的组成部分。城市要实施精细化管理，需要细化对城市的地下、地面、地上空间的相关地下管网、道路、桥梁、建筑物等目标的管理，随着时间的推移，城市还不断地发生着日新月异的变化。

高分辨率遥感数据可更清晰地客观显示和挖掘城市地理空间相关要素信息，可实现对城市大区域的定期观测，有助于把握城市的全貌和历史变迁。在城市建设、转型、发展中，迫切需要一种科学的指导思想和综合的解决方案，而物联网正是现有技术发展的产物。物联网将各种不同类型的网络全面互联，通过传感器节点和城市基础设施感知环境、状态、位置等信息，有指向性地进行网络资源的连接和信息融合，通过政府、企业和科研院校在网络互联和信息共享的基础上不断地进行科技、业务和应用创新，从而促进城市各个关键系统和参与者进行和谐高效地协作。高分数据与物联网数据的融合，将大大促进信息技术应用于城市精细化管理的方方面面。

## 2.2　研究基础

我国各级住房和城乡建设部门利用卫星遥感与地理信息系统技术在城乡规划、建设与管理等方面开展了一些工作。应用卫星遥感技术，先后开展了珠三角、海峡西岸、长三角、山东半岛、京津冀沿海地区、辽中南等都市区形态演变研究，以及长三角生态资产研究等重大科学研究项目；在全国城镇体系规划、珠江三角洲城镇协调发展规划、长三角城镇群规划、京津冀城镇群协调发展规划等一系列重大规划编制中，卫星遥感数据大量应用到现状调查、用地评价、生态分析、重大设施选址分析等方面。已对107个国务院审批总体规划城市进行规划实施遥感动态监测，监测面积达2万多平方公里，发现涉及督察事项的问题图斑1千余处，已初步形成107个重点城市一年多期的监测规模，实现了违反城乡规划问题快速发现和及时处理的监督机制，初步遏止了违法违规苗头，维护城市总体规划的严肃性和权威性；已建立起208个国家级风景名胜区遥感监测本底数据库，对其中53个风景名胜区的资源保护和规划实施情况进行了监测核查，监测面积达6.5万平方公里，对900多处问题图斑进行了调查处理，已初步形成每年50多个景区的监测规模，加强了风景名胜区资源保护和监管的力度；对保定、邯郸、襄樊、洛阳、泰安、镇江等26个历史文化名城进行了试点监测，提高了历史文化名城的保护力度；在对安阳、新乡、邯郸、洛阳等城市总体规划审批中，利用遥感技术对城市建设用地规模、用地平衡表的准确性、基础设施布局的合理性等内容进行核实、分析，为城市总体规划审批提供了技术依据；利用高分遥感数据对130多个城市各类绿地进行精确测算，为掌握城市绿化现状、促进城市园林绿化建设提供数据支撑；对沈阳、鄂尔多斯等北方供热城市进行热能损耗热红外遥感反演测试，为进行供热改造房屋快速调查提供新思路；在南方冰冻灾害、汶川地震、玉树地震等重大自然灾害的应急救灾、损失评估和灾后规划重建等工作中，也大量应用了高分辨率卫星遥感影像。近几年国家在城乡住房保障、城市建筑节能和污染物减排方面投入巨大资金，推进城市廉租房建设和农村危房改造、城市建筑节能监管体系建设、城市污水和垃圾处理厂建设等工作。为了解各地项目建设动态信息，加强项目建设和运行监管，住房和城乡建设部先后建设了全国廉租住房建设项目监管信息系统、全国扩大农村危房改造试点信息管理系统、全国建筑能耗动态监测信息系统、全国污水处理项目管理信息系统、全国垃圾处理项目管理信息系统等一系列行业统计和动态监测系统。

北京建筑大学是北京市属高校中唯一的建筑类高等学校。项目参研人员所在的研究团队长期致力于遥感信息提取和物联网技术在城市中的应用等方面的研究，在图像分割、影像目标特征自动识别与提取、高分信息获取、物联网监测数据处理方面有较深认识。与本书相关的研究工作积累和成绩包括：

（1）项目参研人员主持并完成现代城市测绘国家测绘地理信息局重点实验室开放基金项目“基于高分影像的城市建筑物形变信息提取、表达与定量分析”(20111211N)。

在该项目中，分析了高分辨率遥感影像特征，建立了初步的光谱特征库和纹理特征库，研究了城市建筑物形变信息的提取方法。探索了建筑物形变的信息表达与定量分析机理。

其中,高分辨遥感影像特征分析、特征库原型的设计、不同尺度的图像分割研究为本书提供先期条件。图 2-1 为部分相关研究成果。

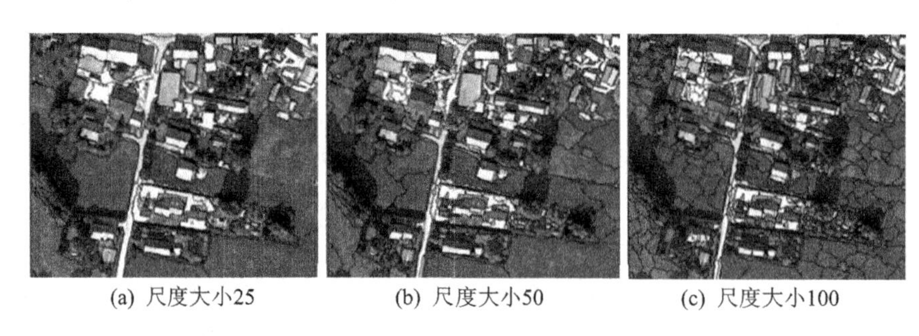

(a) 尺度大小25　(b) 尺度大小50　(c) 尺度大小100

**图 2-1　不同尺度大小对图像分割的影响**

(2) 项目参研人员主持并完成某部委委托项目“光学遥感震害信息提取”(081113305)。

在该项目中,以高分辨率光学遥感影像为主要数据源,综合利用城市矢量数据等辅助信息,研究了城市中震后主要建筑物快速定位、震害信息快速判读与评估的算法,开发了光学遥感震害信息提取与评估软件。

其中,敏感目标的快速识别、影像分类方法的研究为本书提供思路和理论基础。图 2-2 为部分相关研究成果。

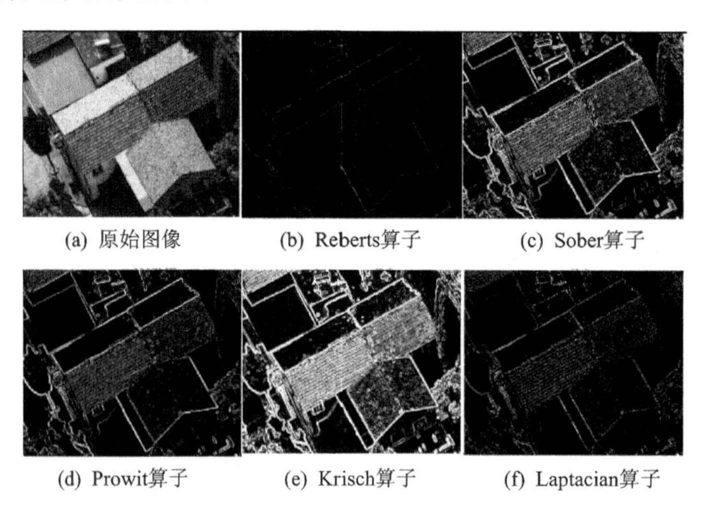

(a) 原始图像　(b) Reberts算子　(c) Sober算子

(d) Prowit算子　(e) Krisch算子　(f) Laptacian算子

**图 2-2　不同算子边缘检测**

(3) 参与并完成的某部门委托项目“物联网技术在城市管理中应用研究”(20110306NS)中负责居民安全监控系统(见图 2-3)研制和垃圾转运监控系统(见图 2-4)研制。

基于物联网的居民安全监控系统研制,分别包含视频监控,防盗、防灾报警和紧急呼救等功能。该系统主要由统一编码的监控摄像头,窗上传感围栏、门禁装置、温

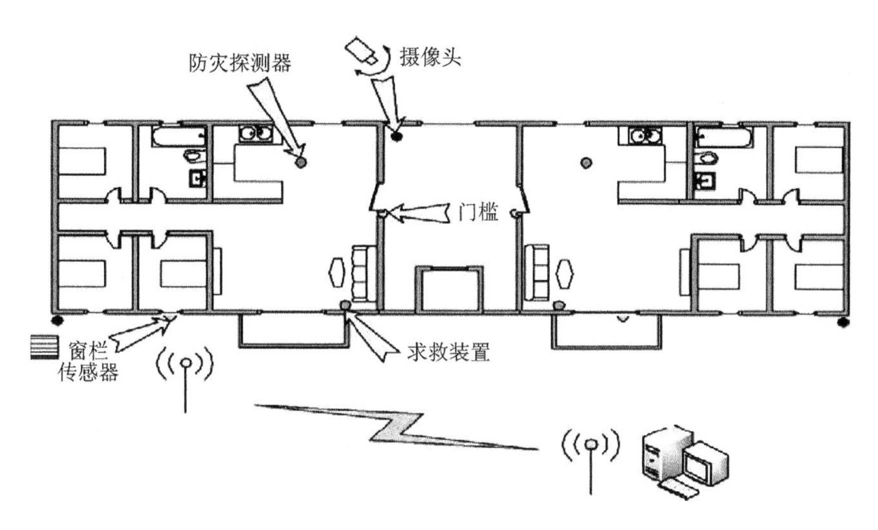


图2-3　居民安全监控系统

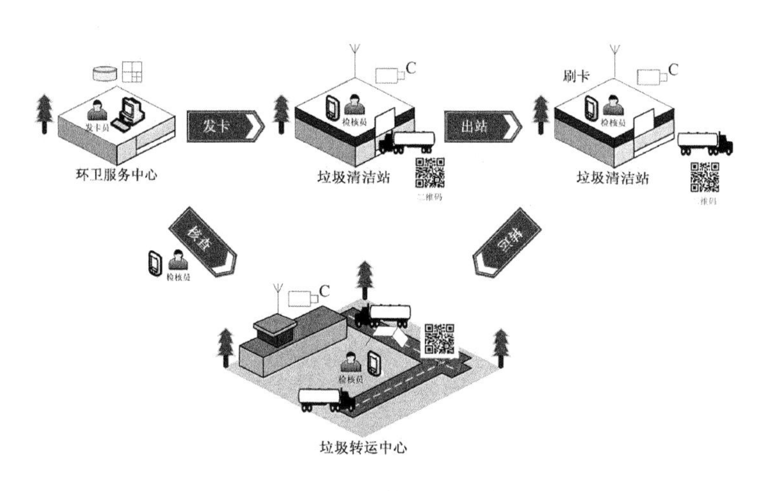


图2-4　垃圾转运监控系统

度传感器、烟雾和可燃气体探测器以及紧急呼救装置，通过楼宇传感网络、家庭网络与信息处理中心联网来构成，达到对居民安全的智能监控。

基于物联网的垃圾转运监控系统研制，利用二维码、射频识别、无线网络等技术手段，对生活垃圾的产生、清运、消纳等环节进行数据监测。在垃圾转运的每个环节，如环卫服务中心、垃圾转运中心、垃圾清洁站都将采集垃圾转运信息（包括垃圾车牌号、司机编号、主管单位、转运任务），将上述信息传送到信息管理中心并进行相关处理。从而实现垃圾转运的日常监控与管理。

这部分工作对于物联网监测数据的采集、存储与管理，以及与高分信息之间的融合都提供了良好的基础。

(4) 参与并结题的北京市学术创新团队项目“多源影像三维主动提取研究”(PHR200907127)。

在该项目中,分析了不同遥感影像“同物异谱”能力,对多源遥感影像进行融合。采用多种匹配算法对多源影像进行匹配,并评价了匹配精度。研究了不同单一分类器对影像分类精度的差异。

这部分工作对于改进已有的多源影像匹配算法、不同影像特征选择不同分类器算法奠定理论基础。同时,该项目积累了丰富的多源遥感数据源,为相关内容的持续研究提供了条件。图 2-5 为部分相关研究成果。

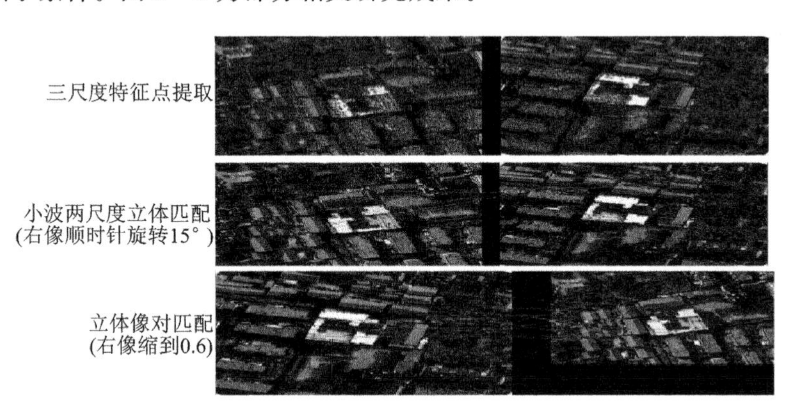


图 2-5 数据匹配算法研究

## 2.3 存在问题

城市精细化管理遥感应用是一项全局性、综合性、战略性的复杂系统工程,涉及城市经济、文化和社会生活等各个领域,是引导城市健康可持续发展的重要手段。如何有效利用高分与物联网的融合技术推进新型城镇化,实现城市规划、建设和管理工作又好又快发展,是城市精细化管理当前面临的重大挑战。

虽然高分辨率遥感数据的投入使用推动了城市建设和管理,然而高分辨率遥感数据应用整体情况还存在着诸多不尽如人意之处。中国在该领域方面的应用还刚刚起步,没有形成系统的技术方法和规范。目前各部门、单位只进行零散的研究,不可能形成系统的应用能力。要得到全面的应用必须有一整套技术方法和规范。民用遥感卫星的立项往往缺乏宏观的统筹和部署,不同部门和不同应用领域中的数据也缺少连续性和一致性。城市环境监测的内容很多,哪些指标能采用卫星遥感技术进行有效的监测,其最佳监测光谱分辨率、监测时间频率和监测空间分辨率,还不是十分清楚,更没有形成实用模型数据库。因此应加快城市环境遥感监测的指标体系和国家环境信息系统建设。

高分数据能够大面积获取地物的面状信息，而物联网数据致力于获取地物在某个监测点的信息，这种点面信息的集成技术尚不成熟，数据融合方法、融合精度、融合难度尚待研究和验证。

高分信息与物联网技术融合云服务软件平台的搭建也面临技术挑战，尽管产业界已经推出多种云平台系统和解决方案，但相关技术的学术研究仍处于起步阶段。传统的中间件及平台管理技术与当前需求仍存在差距，多租户、弹性容量供给、负载管理、系统自动供给、安全以及状态管理等关键技术仍存在挑战。

# 第3章

# 高分遥感与物联网技术融合城市应用总体方案

## 3.1 总体研究方案

### 3.1.1 概 述

本章从系统总体设计和开发的角度，详细描述了云服务软件所遵循的总体原则，所采用的技术路线、设计原则、相关的整体架构、功能模块设计等方面的内容。

### 3.1.2 设计原则

**(1) 稳定与可靠性**

基于云计算技术的在线服务，打破了传统的IT架构设计，将全部应用服务器都架设在虚拟平台之上，在设计时充分考虑业务系统长期运行的稳定性与可靠性，严格遵循国家和行业标准中的相关规范，合理分配、使用相关运算、存储资源、网络等资源，通过错误日志记录、错误恢复机制等手段保障用户业务的正常运行，保证关键高可用业务在10分钟内恢复运行状态，支持系统自动恢复和人工补救方式。

**(2) 可扩展性**

主要指硬件架构的可扩展性。云平台基于自身强大的硬件资源为用户提供高效的服务能力，在数据不断增加、数据量不断加大的情况下，系统支持通过增加节点、配置和接口等方式方便地实现扩展，满足系统扩展的需要。

**(3) 安全性**

安全性是云平台用户最关注的问题之一，能否保证用户信息及上传数据的安全，是云服务推广使用的关键。因此，本业务系统在设计时必须考虑制定完备的安全运行措施，维护和更新一套能够降低风险的安全控制控件，并运用兼容性框架来确保控件设计正确、高效运行，主要针对以下方面进行设计：

(a) 分系统的安全性，确保分系统不会由于自身的故障或失效导致平台系统的其他部分相继失效甚至崩溃的特性(如不正常地持续占用大量CPU、内存、I/O等计算机资源，导致系统的其他部分无法运行。通过制定完整的故障隔离、规避和恢复策略，确保分系统运行的正常与安全；

（b）功能权限控制，防止外界或内部用户的非法或恶意访问。从访问级别上严格控制不同用户的权限，避免用户越权使用或非法使用系统资源，甚至控制系统操作权力，造成全体系统运行能力下降甚至崩溃。各功能面向不同用户，不同用户只能使用自己权限之内的功能。同时记录操作日志，包括操作时间、操作数据来源以及名称、操作用户的基本信息。

**(4) 兼容性**

系统设计、研发过程中，在充分理解用户需求和业务流程的基础上，依据总集单位制定的统一的接口规范，确保新建系统能按照规范完成系统建设，实现与其他分系统的集成运行。

**(5) 易维护性**

一旦部署遥感云服务软件，就需要对其进行维护。过去，可维护性意味着使用的服务器可以在不停机或极少停机的情况下进行修理。现在，可维护性是指，更新甚至更换遥感云服务软件的基本基础设施组件时，不会破坏该应用程序的特征，其中包括可用性和安全性。

另外还应当拥有离线的维护环境，以便在不影响正常业务的情况下进行软件的维护工作。

**(6) 高效性**

这是最能将云计算模式与其他计算模式区别开来的一个特征。效率是云计算的意义所在，而且如果不能方便快捷地在云中部署应用程序，即使可从模式中受益，该计算模式也可能不是一个良好的可选模式。

**(7) 易用性**

本业务应用系统在设计时将基于方便、友好的操作界面，尽可能实现自动运行，减少人工干预。在日常的业务运行中，应用系统支持每天24小时不间断的运行，日常的报告可自动生成。所有的故障状态和信息实现自动记录和存储，便于事后的故障对策分析。

用户界面按以下标准设计（用户界面要求如表3－1所列）：

（a）多用户系统；

（b）多任务窗口环境；

（c）图形化的状态显示；

（d）只需最少操作步骤/输入步骤；

（e）提供在线帮助的友好界面。

表3-1　用户界面要求

| 序　号 | 项 | 对策及要求 |
| --- | --- | --- |
| 1 | 一般原则 | 用户界面友好，交互性强<br>屏幕中文显示<br>屏幕利用率高 |
| 2 | 用户界面方式 | 采用菜单/窗口方式，多窗口，下拉式，弹出式，多窗口动态切换<br>下拉菜单级数一般不超过三级<br>具有剪切、复制、粘贴、拖放等功能 |
| 3 | 画面设计原则 | 分成系统的主控程序类、用户注册类、数据处理类、错误信息类、联机帮助信息类、数据汇总类、测算画面类七大类，应力求美观、大方、直接 |
| 4 | 屏幕数据输入 | 对于常用不变的数据项、重复数据项、可枚举的数据项、自动产生的数据项，应设置为缺省值或自动提供，以减少录入的工作量，并可激活选项<br>具有“确认”、“取消”、“重试”、“取消”等警告窗口<br>自动提交功能<br>单键退出功能 |
| 5 | 输入失误处理 | 光标只限在屏幕的可输入区活动<br>对输入数据进行有效性和合法性检查，拒绝接收无效数据<br>出错时可清晰显示对应的错误说明及处理办法<br>屏蔽对本屏幕无用的键，按任何键都不会造成系统死锁 |
| 6 | 屏幕输出 | 提供多种数据输出格式，可输出到打印机或文件等<br>查询数据为只读方式<br>根据不同注册用户的使用权限，显示不同的数据范围 |
| 7 | 键盘使用 | 系统中统一各种机器的键盘使用标准<br>尽量使用鼠标操作，并设计有对应的键盘操作及功能提示 |

**(8) 插件式**

系统设计过程中综合考虑软件开发的插件式管理。研制的插件既可以在本系统中运行，也可以在其他运行平台中运行。适应系统运行平台，包括刀片集群、SAN 存储、万兆交换机、GPU 加速卡、Infiniband 交换机、显示器(分辨率)、显卡、操作系统(32/64 位)、数据库软件、消息中间件、GIS 中间件、杀毒软件、专用商业软件接口(必要时需开发的数据格式转换软件)、其他定制软件接口、云计算框架、并行调度、并行计算，支持二次开发，保障软件在模块级别上可拆分、可复用、可重组、可定制、可扩展，同时可实现软件的远程部署和安装。

### 3.1.3　项目总体技术路线

图 3-1 为云服务融合软件总体技术路线。

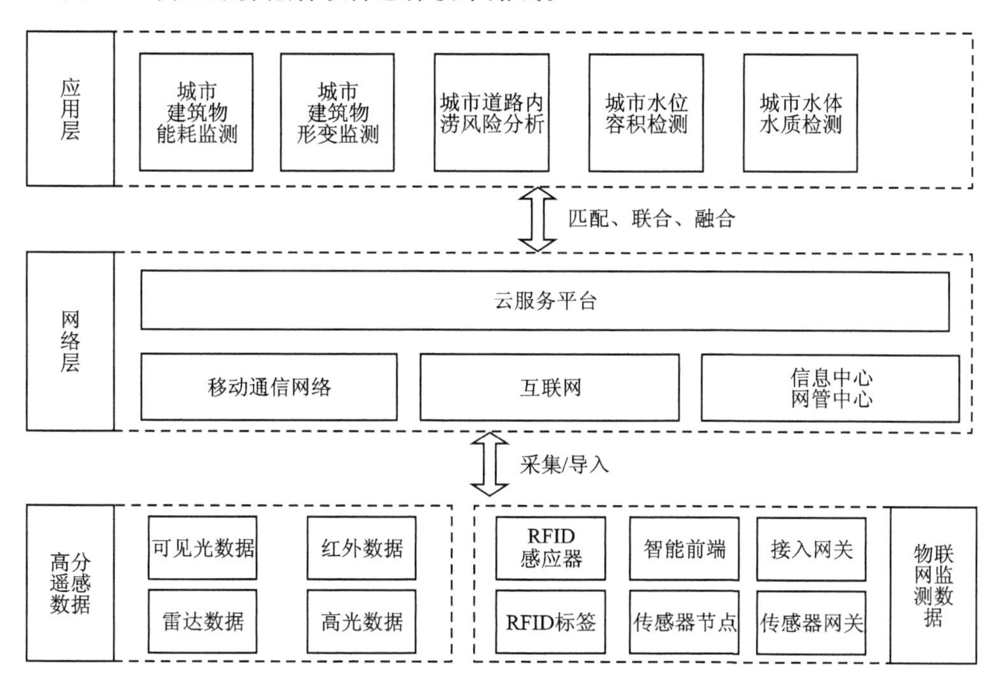


**图 3-1　云服务融合软件总体技术路线**

项目针对研究目标，首先对研究内容中涉及的关键技术进行攻关，然后对软件平台进行总体设计，构建云服务和物联网技术融合软件平台。将物联网监测数据和高分遥感数据采集/导入到云服务平台中，然后研究快速匹配、联合和融合关键技术，将高分信息与物联网技术应用到图中所罗列的6个典型实例中。



### 3.1.4　软件总体架构

遥感云服务软件总体架构如图 3-2 所示，共分为云计算环境、通用工具集、云服务应用场景及门户网站。

基于云平台服务提供的数据模型和空间数据访问接口，研究通用处理算法的专用编程模型，形成一套面向云计算的处理算法的编程范式。在此基础上，对通用处理算法进行改造与升级，实现面向 PaaS 的算法服务接口；并结合脚本语言引擎，研究面向云平台的第三方算法集成模式。最终实现基于云平台的通用插件算法工具集。针对用户需求，项目研制门户网站，提供地图查询和可视化服务。

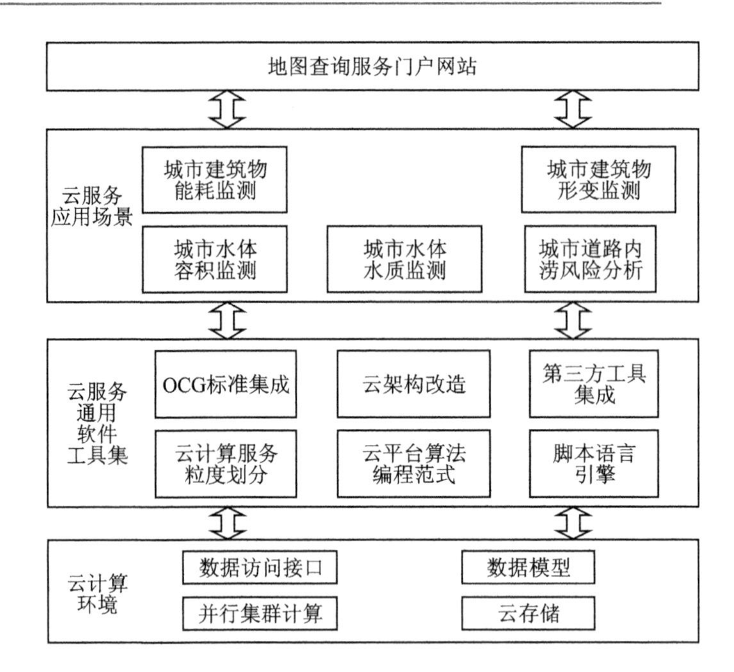


图 3-2　遥感云服务软件总体架构

### 3.1.5　硬件环境配置

云服务融合软件系统由网络系统、主机系统、存储系统、终端计算机设备、运维监控系统、应用系统专用设备以及安全系统组成。其中网络系统、主机系统、存储系统、终端计算机设备、安全系统构成系统核心硬件系统，如图 3-3 所示。

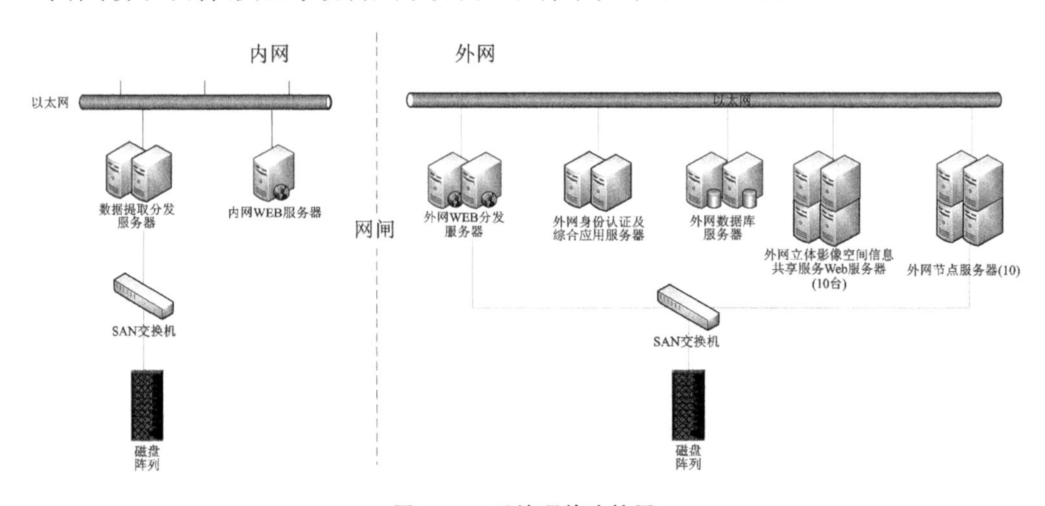


图 3-3　系统硬件连接图

系统采用万兆以太网络作为骨干网络，连接千兆交换机，实现千兆到桌面。在保密网、内网、外网各区域的系统中，工作站、服务器、计算节点都通过共享文件系统访问存储系统，实现以共享存储为中心的高性能数据处理系统。高性能计算节点采用Infiniband网络连接，保证足够的带宽，作为高性能计算网络，交换计算数据。核心存储采用SAN架构，使用文件共享系统软件实现共享存储。

整个业务系统进行网络安全防护，分为涉密网、内网、外网3个网络区域，其中涉密网与内网和外网进行物理隔离，内网与外网通过双向网闸进行逻辑隔离，外网通过防火墙等防护措施与互联网进行连接。

### 3.1.6　软件模块与研究内容的对应关系

整个系统按照软件形态可分为客户端人工交互软件和后台自动运行可执行程序两大类，每类所包括的功能模块如图3-4所示。

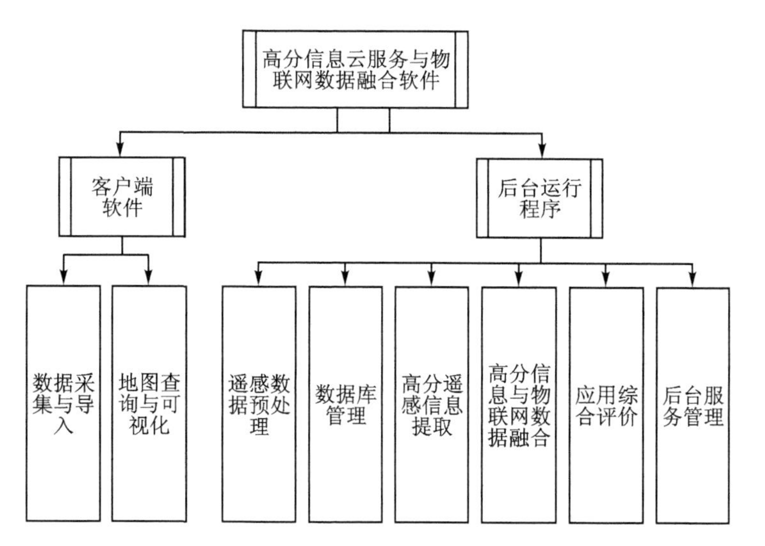


**图3-4　云服务软件平台功能结构图**

各软件模块功能简要描述如下：

#### 1. 数据采集与导入模块

(1) 支持不同物联网传感器的采集与处理，根据项目需要，软件平台需支持表3-2所列传感器。

**表3-2 软件平台需支持的传感器列表**

| | 传感器名称 | 型号 |
|---|---|---|
| GPS传感器 | 带温度传感器的车载GPS定位追踪器 | 奥亚GPS138 |
| | 带断油断电的可接油量传感器的车载全球GPS定位监控设备 | 奥亚蓝精灵 |
| | GPS定位行驶记录仪+油耗传感器 | 车武仕行驶记录仪 |
| | 多功能可接油量传感器的车载全球GPS定位监控设备 | 奥亚银卫士 |
| | GT12双天线空中无线升级汽车防盗器跟踪器追踪器GPS定位器 | 途强GT12 |
| | 铁甲兵D12-G gps定位器 | 铁甲兵D12-G |
| | TK-200gps定位器 | 车卫士TK-200 |
| | 卫通达012C国标GPS国家标准GPS定位器 | 卫通达012C |
| | 佳信盟车载GPS定位器 车载终端车辆管理系统 | 佳信盟M04 |
| | GPS定位器 | 峻峰PF0006 |
| 水位传感器 | 苏茂牌UHZ-518传感器、液位传感器、水位传感器 | 苏茂牌UHZ-518 |
| | 水位传感器,水位液位变送器 | 贺迪HDP601 |
| | 油水位传感器 | 麦迪森MDS-U |
| | GSY10型矿用水位传感器 | 兴旺GSY10型矿用水位传感器 |
| | 米朗MTL浮球式液位传感器 | 米朗MTL浮球式液位传感器 |
| | 水位传感器 | 苏茂UQK-71-2-11A |
| | 压力传感器/投入式液位传感器 | 安徽经伦JLPY |
| | GUY5/10水位传感器 | 欧科GUY5/10水位传感器 |
| | 鑫煤GUY10矿用水位传感器 | 鑫煤GUY10 |
| | 液位传感器/水位传感器 | 国产HD321-A1 |
| 温度传感器 | 风管式/房间式温度传感器 | 通泰TS-9101/9103/9104/9105 |
| | 华宇Arima湿度传感器 液位传感器 温度传感器 | 华宇Arima HY-WZT |
| | 美国DS18B20进口温度传感器 防水不锈钢壳封装温度传感器 防水传感器 | 美国DS18B20 |
| | 正安KG3044温度传感器 | 正安KG3044 |
| | 嘉保GB2688温度传感器 | 嘉保GB2688 |
| | 德国PT100温度传感器 | 德国PT100 |
| | 集成数字式温度传感器 | ABB-K710 |
| | 西门子SiemensQAA室内温度传感器QAA2010 | 西门子SiemensQAA |
| | 高精度温度传感器 | 华尔威H-WEP |
| | 奥博龙ABL-PT100温度传感器 | 奥博龙ABL-PT100 |

续表 3-2

| | 传感器名称 | 型　号 |
|---|---|---|
| 水质传感器 | PH 传感器水质分析 PH 计 | 凯米斯 PHG-203 |
| | 水质检测仪器- ADO100 养殖溶解氧控制测定仪 | L. X. ADO100 |
| | CCS120 余氯检测传感器，余氯传感器，余氯电极德国 E+H | 德国 EH CCS120 |
| | 德国 E+H CCS241 | 德国 E+H CCS241 |
| | 德国 EHCPS11D/CPS11 CPS11D/CPS11 水质在线分析仪 | 德国 EH CPS11D/CPS11 |
| | Norpu 诺普 CLS-100 在线余氯传感器 多参数水质分析仪 | Norpu 诺普 CLS-100 |
| | 余氯传感器　二氧化氯传感器 水质在线分析仪 | SILSENS MESM2402 |
| | 原电池式溶解氧温度传感器 | 原电池式溶解氧温度传感器 GC—I 型 |
| | E+H 无膜法溶解氧传感器 COS61 | E+H COS61 |
| | E+H 浊度仪传感器 CUS31/CUS41 | E+HCUS31/CUS41 |

(2) 高分遥感数据

支持国内外常见的高分遥感数据，如国外 SPOT5 等高分辨率卫星及国产高分系列卫星、资源系列卫星等。数据格式包括 Tiff、GeoTiff、JPEG、raw、Image 等。

### 2. 遥感数据预处理模块

本模块对遥感数据进行预处理，其中包括辐射纠正、几何纠正、格式转换、图像增强、图像镶嵌等。为利用高分遥感数据入库、提取城市典型地物(建筑物、水体、道路)等操作做准备。

### 3. 数据库集群

本书需要组织和管理高分遥感数据、物联网监测数据、高分专题信息、融合产品等多源海量异构数据，并且需要对数据进行高效存取和查询。数据库集群来分管此工作。

### 4. 高分遥感信息提取模块

本模块根据高分遥感数据信息获取反演算法，支持国内外高分辨率遥感卫星(如高分系列卫星)得到城市建筑物、水体、道路等相关信息，生成高分遥感专题数据。

### 5. 高分信息与物联网监测数据融合模块

本模块提供各种不同的融合方法和流程，将高分信息与物联网监测数据进行快速匹配、联合和融合，生成城市典型应用的融合产品，其中包括建筑物能耗监测、形变监测、水体容积监测、水质监测、内涝风险分析等。

### 6. 应用综合评价模块

本模块主要分为三大功能，分别为服务能力评价、服务成本计算、服务效益评价等。为项目中的6大典型应用进行多方面的评价。

### 7. 地图查询与可视化

地图查询和可视化模块主要建立用户服务门户网站，允许用户在客户端可以对软件平台的原始数据、专题产品、融合产品、6大典型应用的结果数据进行查询，并可视化显示。

### 8. 后台服务管理模块

后台服务管理模块主要包括服务资源管理与监测功能、服务自适应功能、服务发现与聚合功能三大功能。

软件模块与研究内容的对应关系说明如下：表3-3中所有的软件模块构成了高分信息云服务与物联网技术融合软件系统（研究内容3）。示范验证（研究内容5）详见5.1.3部分。

**表3-3　软件功能模块与项目研究内容对应表**

| 软件模块 | 项目研究内容 |
|---|---|
| 数据采集与导入 | 海量城市遥感数据高效管理技术（研究内容1） |
| 数据预处理 | |
| 数据库管理 | |
| 高分遥感信息提取 | 高分信息与典型物联网数据快速匹配、联合与融合技术（研究内容2） |
| 高分信息与物联网监测数据融合 | |
| 应用综合评价 | 高分数据与典型物联网数据应用综合评价技术（研究内容4） |
| 地图查询与可视化 | 研究内容3的一部分 |
| 后台服务管理 | 研究内容3的一部分 |

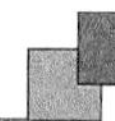



## 3.2 风险分析和防范措施

### 1. 技术风险

项目实施中会遇到相关技术问题，例如：选择的技术体系不符合业务应用特点、选用的技术无法达到业务应用试验的要求、设计的技术架构不具备今后业务处理量增加的扩展能力，这一系列问题将给项目的成功实施带来技术风险。

规避技术风险的措施：充分做好高分城市精细化管理遥感应用示范系统总体方案设计工作，有项目承担单位派出核心需求分析和系统设计人员，组成高分城市精细化管理遥感应用示范系统总体设计小组，聘请业务和技术领域专家，对城市精细化管理应用示范系统业务进行充分的调研、分析和设计。

### 2. 工程风险

工程风险主要包括工程实施进度控制、工程质量控制、经费使用控制等内容。

规避工程风险的措施：软件项目的实施成功率较低，涉及的因素较多，但是通过现代软件工程管理理念和方法，并充分与本书的管理、技术团队进行结合，将有效规避工程实施的风险

# 第4章

# 具体实施途径及技术路线

## 4.1 海量城市遥感数据高效组织与管理

高分城市遥感数据往往从几个 GB 到几十个 GB 不等，远远超出了普通计算机的存储和管理能力，如何组织和管理这些海量数据是系统软件的核心问题之一。

为实现海量城市遥感数据整合利用和交换共享，拟从数据的存储结构优化设计、数据的组织调度技术、数据高效索引查询、海量时空数据高效管理技术等几个方面进行研究，实现海量城市遥感数据的高效组织与管理。

### 4.1.1 面向海量城市遥感数据的存储结构优化设计

数据组织的基本出发点是分类组织、分层组织与分区(块)组织三种不同的策略。通过分类组织，使得每类对象都只是整个数据库很小的一部分，并有利于聚合特征相近的对象，从而大大提高数据选择、重组和处理的效率。

通过分层组织，将数据表现和组织控制在一定层次内。这种层次既包括几何上的分层，如影像金字塔将不同细节程度的对象按层次结构进行组织，也包括地物数据的分层管理，如水系、居民地等。这种细节层次的划分不仅直接决定物理存储的数据量大小，同时也决定了跨尺度数据检索与存取的效率。

对于海量城市遥感数据或地物数据，即使通过分层分类，每一层一类对象的数据量仍可能非常大，还需要采取分块组织的办法。这种思想主要是通过尽量减少每次调度的工作量来提高计算速度和显示速度。通过分块，在某一时刻，三维场景中的大部分块是不可见的，不必存取与显示；而仅仅绘制那些可见的区域。显然，这样可大大减少显示和计算的复杂程度，从而提高实时性。

#### 1. 影像的分块技术

影像数据最主要的特点是数据量大，通过分块可以实现：每次调度和使用的图像数据只是数据库中的一小部分；减少网络传输数据量，方便数据压缩和有利于在计算机的内存中对图像数据进行运算处理；在关系数据库中，以小的图像块作为一条记录来对其进行操作是非常适合的。

### 2. 影像金字塔技术

将数据分层组织，每一层的数据又分割成小的数据块，这种组织数据的方法通常称为四叉树结构或金字塔数据结构。

将栅格数据按分辨率分级存储与管理，最底层的分辨率最高，并且数据量最大，随着层数的增加，其分辨率逐渐降低，数据量也逐渐减少，这样形成影像分辨率逐级减少的塔式结构，称为影像金字塔结构。金字塔是一种多分辨率层次模型，准确意义上讲，金字塔是一种连续分辨率模型，但在构建金字塔时很难做到分辨率连续变化，并且这样做也没有实际意义。从目前国家空间数据基础设施的建设来看，由于生产的数据本身就是多分辨率的，因此可以直接建立不同的图像工程将数据入库，通过图像工程自动构建金字塔。对于只生产了基础层的影像数据，为了提高调度效率，其上层可以根据相应的比例尺从下层抽取数据来构建金字塔。多数系统采用的方式。

## 4.1.2 高效空间索引

空间索引按照分割方法不同，可以分为规则分割法和对象分割法。对象分割法一般由层次包围体实现，层次包围体(Bounding Volume Hierarchy)是一种简单的树结构，用一些特定的方法对空间实体对象进行分割，最终将树的每一个节点保存所在层次的包围体信息，叶子节点则存储基本对象。这类方法检测两者的包围体是否有交，若不相交，则说明两个物体未相交，否则再进一步对两个物体作检测。因为求包围体的交比求物体的交简单得多，所以可以快速排除很多不相交的物体，从而加速检索速度。算法常见的包围体主要有以下几种：包围球、轴向包围盒、离散方向多面体、方向包围盒、凸包。

规则分割法将空间按照某些规则分割成均匀的单元，然后将空间中每个实体对应到一个或多个单元中，这一方法很适于实体在空间中均匀分布的稀疏环境。但对于一般的环境，很难选择一个最优的剖分尺寸，若选择不当，会导致空间耗费大，计算效率低。常用的空间剖分法有规则网格、KD 树、KDB 树、BSP 树、八叉树和 R 树系列等。

研究中将结合多种技术，将索引的功能发挥出来。如将对象分割与规则分割结合在一起，然后建立空间索引，比如 BSP 索引或者八叉树索引；也有将两者不同的索引结构相组合，取长补短建立三维空间索引，如 LOD_OR 树，通过八叉树将 R * 树表示的空间进行了限制，减轻了 R * 插入、删除的开销，特别是在查找性能上比 R * 树有显著的提高；这些混合索引技术现在广泛地应用于实时绘制，比如可见性判断、碰撞检测、光线追踪和辐射度计算等。

## 4.1.3 海量数据的高效组织调度技术

调度指根据一定的算法确定图像显示的场景范围和数据精度，并将相应数据调度到内存中进行显示。数据组织是数据调度的基础,一个好的数据调度算法建立在合理的数据组织基础之上。

### 1. 数据分块的实时调度

栅格数据分块是以文件的形式保存在外存中的,由于计算机内存大小限制,大规模场景数据不能全部调入内存。虽然可以通过操作系统的虚拟内存来映射数据文件,把数据调度的工作交给操作系统来管理,但是操作系统虚拟内存的大小是有限制的,而且操作系统也没有针对特定的数据进行优化调度,故这种方式的可扩展性和效率并不理想。因此需要设计专门算法来实现地形场景数据的动态调度。

结合栅格数据分块组织的四叉树结构,这里采用独立线程来调度数据。假定在当前视点下经过场景裁减和地形分块选择后,灰色节点为最终绘制节点集合,称其为活动节点一,称活动节点的父节点为"扩展节点"(节点 1、2、3、4 为扩展节点)。内存中保存活动节点及扩展节点的地形数据(如果扩展节点之间存在父子关系,则只保存父节点地形数据,因此不保存节点 1、2、3 的地形数据)。在漫游过程中,当活动节点不再可见时,相应的内存被释放,并更新相应的扩展节点。视点缓慢移动时,由于帧与帧之间有较大的相关性,需要从外存调入的数据量很小,能满足实时绘制要求;当视点移动较快时,采用渐进传输方式调度数据,即用内存中分辨率较低的扩展节点绘制地形,而不是让绘制线程等待高分辨率活动节点数据调入。事实上,现实中当视点移动较快时也无法看清楚地面物体,所以这种渐进传输方式产生的视觉效果是可以接受的。

### 2. 多分辨率矢量数据模型的调度

在实时绘制阶段,如果简单的通过静态矢量图层的选取,无法实现矢量图层的连续过渡。因为"综合.分解"操作可能造成矢量形状的突变(如:面矢量收缩为点矢量),故需要借助矢量简化算法实现各个矢量图层之间的平滑过渡。实时绘制时,根据视点的位置和视线方向,选择静态矢量图层并确定矢量图层的显示范围和显示精度,并由此确定需要绘制的矢量分块集合,实时简化生成满足精度要求的动态矢量图层。实时绘制阶段所涉及矢量数据调度操作均由另外一个独立的线程来完成。矢量数据实时简化是以矢量分块为单位进行的,矢量分块的简化程度依赖于视点位置和视线方向。即通过建立节点误差评价函数,实时简化时将投影后的节点屏幕误差控制在一定范围内。另外,在矢量数据分块操作中可能在分块边界上插入新的顶点数据,这些顶点能避免矢量数据在分块间出现错位,所以实时简化实不能删除这些数据。

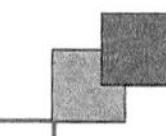





## 4.2 面向物联网的多源海量异构数据库集群技术

项目中,需要具备高分遥感信息与物联网数据的快速匹配能力;需要具备多物联网传感器的数据采集、处理、存储、查询能力;需要具备至少30种感知终端10万个网关数据的分类标准和快速存取能力。项目组尝试研究面向多源海量异构数据管理的数据库集群技术来解决上述问题。

同时,项目中有如下数据需要管理:

**(1) 高分遥感影像库**

遥感影像库主要是用来存放算法流程运行过程中所用到的影像数据,分为光学遥感数据(可见光数据、红外数据、高光谱数据)、雷达数据等。

**(2) 高分信息专题库**

高分信息专题库用来存放利用高分遥感影像提取到的城市建筑物、城市水体、城市道路等专题信息。

**(3) 物联网监测库**

网联网监测库用来存放不同传感器所采集到的物联网监测数据。项目设计能够接收30种以上传感器的数据。

**(4) 融合产品库**

融合产品库用来存放高分信息专题数据与物联网监测数据融合后的产品数据。

**(5) 运行管理库**

数据管理库主要是指历史、信息动作日志库,包括管理者及用户访问操作整个系统的历史记录。

**(6) 元数据库**

元数据被称为关于数据的数据,比较贴切地反映了元数据对数据特征描述的职能,是用来描述数据内容、质量、属性、特征的数据。空间元数据是描述GIS数据的容量、质量、情况等特征的数据。

**(7) 其他数据资源库**

其他数据资源库用来存放一些生产过程中涉及的相关属性数据。

项目组也希望利用数据库集群技术来管理上述数据。对于高分遥感影像库、高分信息专题库、融合产品库其数据源均来自于海量城市高分遥感数据。对于海量城市遥感数据的特点与数据组织方式,在4.1中有详细的解决方案,在此不再赘述。

下面主要探讨物联网传感器的数据特点及数据组织方式。

### 4.2.1 物联网传感器数据特点分析

在传感器采样数据的集中管理系统中,大量的传感器结点根据预先制定的采样及传输规则,不断地向数据中心传递所采集的数据,从而形成海量的异构数据流。数

据中心不仅需要正确地理解这些数据,而且需要及时地分析和处理这些数据。物联网监测数据具有如下特点:

(1) 物联网数据的海量性。项目中要具备30种感知终端10万个网关数据的分类标准和快速存取能力。感知终端中,大部分的采样数据是数值型的(如温度传感器、GPS传感器、压力传感器等),但也有许多传感器的采样值是多媒体数据(如交通摄像头视频数据、音频传感器采样数据等)。每一个传感器均频繁地产生新的采样数据,系统不仅需要存储这些采样数据的最新版本,而且在多数情况下,还需要存储某个时间段(如1个月)内所有的历史采样值,以满足溯源处理和复杂数据分析的需要。可以想象,上述数据是海量的,对它们的存储、传输、查询以及分析处理是一个挑战。

(2) 传感器结点及采样数据的异构性。感知终端有很多种类,如交通类传感器、水文类传感器、地质类传感器、气象类传感器等,其中每一类传感器又包括诸多具体的传感器,如交通类传感器可以细分为GPS传感器、RFID传感器、车牌识别传感器、电子照相身份识别传感器、交通流量传感器(红外、线圈、光学、视频传感器)、路况传感器、车况传感器等。这些传感器不仅结构和功能不同,而且所采集的数据也是异构的。这种异构性极大地提高了软件开发和数据处理的难度。

(3) 物联网数据的时空相关性。物联网中的传感器结点普遍存在着空间和时间属性,每个传感器节点都有地理位置,每个数据采样值都有时间属性,而且许多传感器节点的地理位置还是随着时间变化而连续移动的。因此,对于数据的查询也并不仅仅局限于关键字查询。很多时候,人们需要基于复杂的逻辑约束条件进行查询,如查询某个指定地理区域中所有地质类传感器在规定时间段内所采集的数据,并对它们进行统计分析。由此可见,对物联网数据的空间与时间属性进行智能化的管理与分析处理是至关重要的。

(4) 物联网数据的序列性与动态流式特性。在物联网系统中,要查询某个监控对象在某一时刻的物理状态是不能简单地通过对时间点的关键字匹配来完成的,这是因为采样过程是间断进行的,查询时间与某个采样时间正好匹配的概率极低。为了有效地进行查询处理,需要将同一个监控对象的历次采样数据组合成一个采样数据序列,并通过插值计算的方式得到监控对象在指定时刻的物理状态。此外,采样数据序列表现出明显的动态流式特性,即随着新采样值的不断到来和过时采样值的不断淘汰,采样数据序列是不断的动态变化的。

针对上述问题,本书提出一种"面向物联网的多源海量异构数据库集群技术框架"(IoT Database Cluster System Framework for Managing Massive Sensor Sampling Data,IoT-ClusterDB)。在IoT-ClusterDB中,同一个监控对象的历次传感器采样值被组织成采样数据序列进行存储,通过查询操作及时空计算,可以支持对传感器采样数据的复杂逻辑条件查询。此外,IoT-ClusterDB是一个由大量数据库组成的分布式系统,通过建立分布式的全局关键字索引和全局时空索引,IoT-ClusterDB可以支持高效率的关键字查询和时空查询。

## 4.2.2　IoT-ClusterDB 结构

如图 4-1 所示，IoT-ClusterDB 是由多个传感器时空数据库结点所组成的一个数据库集群。在 IoT-ClusterDB 中，并不是原封不动地存放所有的传感器采样数据，而是只存放数值型的关键采样数据。为此，系统需要通过传感器接入处理器对数据进行预处理。此外，原始的传感器采样数据也保存在各个传感器接入处理器中，以满足溯源处理的要求 。

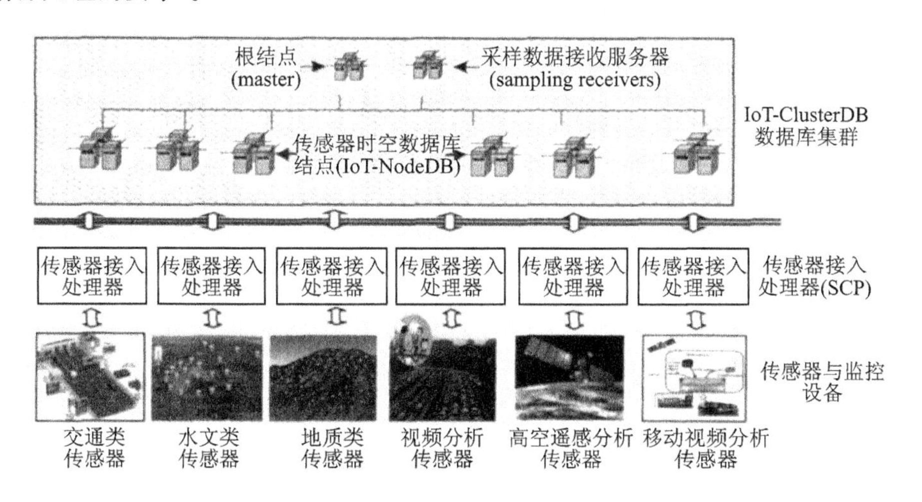


**图 4-1　IoT-ClusterDB 结构图**

从层次划分的角度来看，传感器接入处理器位于传感器网络层之上，因此对各种传感器网络本身的数据采集、通信模式没有特殊要求，从而增加了整个系统的灵活性和可扩充性。

## 4.2.3　传感器的接入与预处理

在 IoT-ClusterDB 中，允许接入的监控设备包括系统中所管理的各类传感器设备、视频与音频监控设备、部署在某个区域的无线传感器网络（WSN）等。此外，IoT-ClusterDB 还允许以人工的方式输入感知数据。所有这些方式获得的数据统一称为“传感器采样数据”。通常情况下，传感器的采样数据是数值型的，如温度传感器、压力传感器、GPS 传感器、无线传感器网络等所获得的数据。但是，IoT-ClusterDB 也允许多媒体设备（如视频监控设备等）接入系统，通过相应的多媒体分析，可以从这些设备所获得的多媒体数据（如交通摄像头采集的视频数据流）中提取出有意义的数值型数据。

传感器将采样数据上传给传感器接入处理器的方式可分为两种：主动上传与被动上传。其中，主动上传是根据预先定义的条件，由传感器自身进行计算和判断，只有当规定的条件满足时才上传数据，这种方式具有较好的数据传输效率，但需要传感器具备一定的计算能力；而被动上传则是以一定的频率周期性地上传数据，这种方式虽然具有较大的通信代价，但对传感器的计算能力要求很小，因此也得到了广泛的应用。在IoT-ClusterDB中，传感器采样数据是以“原子监控对象”为单位进行组织的，而不是以传感器为单位。同一个监控对象的所有传感器采样值按照时间序列组织在一起，形成该监控对象的“采样数据序列”，并作为一个属性存放在该监控对象的元组记录中。

传感器接入处理器可以实现大量传感器的接入，实现对传感器原始采样数据的分析、过滤与转换，完成原始采样数据的本地存储，并将处理后的数值型关键采样数据上传到IoT-ClusterDB数据库集群中做进一步的处理。传感器接入处理器分担了整个系统的很大一部分数据处理与存储任务，使得IoT-ClusterDB只需处理相对较少的、带有语义信息的数值型关键采样数据。图4-2给出了传感器接入处理器的工作过程。

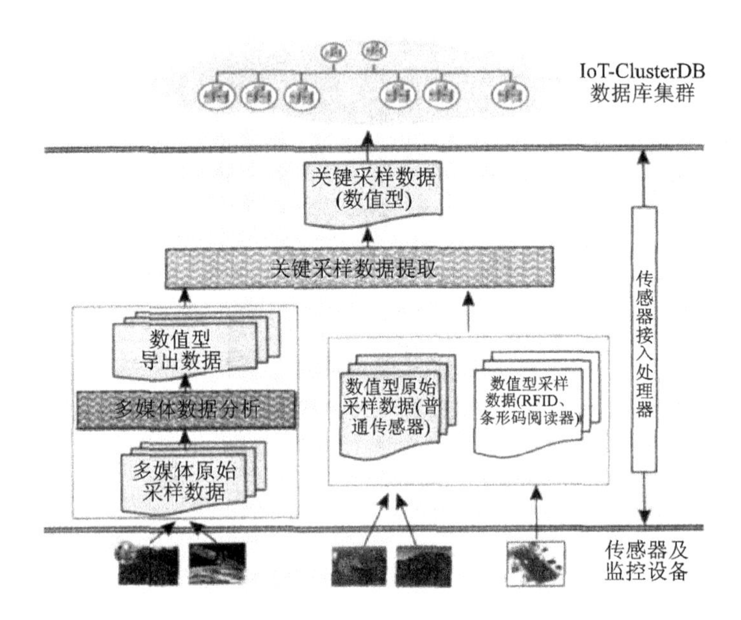


**图4-2　传感器介入处理的工作过程**

如图4-2所示，传感器接入处理器的主要工作过程如下：

(1) 非数值型采样数据的数值化。对于多媒体原始采样数据，传感器接入处理器需要进行相关的多媒体数据分析，获得能够反映监控对象物理状态的数值型导出数据。

(2) 密集采集数据的稀疏化。无论是通过多媒体数据分析所获得的数值型导出数据，还是直接从传感器获得的数值型原始采样数据，它们仍然存在着采样频率过高的缺陷。如果将这些数据全部传入IoT-ClusterDB进行管理，则会导致系统中数据量的急剧膨胀。为此，传感器接入处理器需要通过关键数据的提取操作，从原始数据流中抽取出能够反映监控目标物理状态变化的关键采样数据，仅将关键采样数据上传给 IoT-ClusterDB 进行处理。

(3) RFID、条形码阅读器采样数据的提取。对于 RFID 传感器、条形码阅读器等所采集的数据，传感器接入处理器需要提取出移动监控对象的标识，并连同相关的采样时间与采样地点组成采样记录，然后将该采样记录发送给 IoT-ClusterDB 进行处理。IoT-ClusterDB 将同一个移动监控对象的、来自于不同 RIFD 传感器或条形码阅读器的采样数据集中起来，可以获得该监控对象的采样数据序列，该数据序列反映了其完整的时空移动过程。

(4) 原始采样数据的存储。对于具有保留价值的原始采样数据也由传感器接入处理器进行存储管理。在 IoT-ClusterDB 中，每个监控对象的元组数据中均含有存储该对象的原始采样数据的 SCP 标识，通过这些标识，查询用户可以连接到相应的 SCP，并通过相应的数据访问接口检索和回放完整的历史与当前原始采样数据。

### 4.2.4　IoT-ClusterDB 数据库集群

IoT-ClusterDB 数据库集群是由大量的同构传感器时空数据库结点 IoT-NodeDB 所组成的，每个 IoT-NodeDB 可以对各类异构的传感器采样数据进行统一化的管理。

在 IoT-ClusterDB 数据库集群中，大量的 IoT-NodeDB 被组成双层树形结构，其中叶结点存储实际的传感器采样数据，而根结点则存储为了进行全局查询所需要的全局数据字典。所有的查询均提交给根结点，根结点通过全局查询处理模块，实现对查询的全局处理。在 IoT-ClusterDB 中，通过建立分布式的全局关键字索引和全局时空索引，整个系统可以同时支持快速的关键字查询、时空查询以及复杂的逻辑条件约束查询。



### 4.2.5　传感器时空数据库模型

IoT-ClusterDB 可以接入海量的异构传感器结点。每一种类型的传感器所获得的采样数据均可以具有不同的数据格式，但它们的共同特点是均具有时空特性：即每个传感器采样数据均对应于一个具体的采样时间 $t \in \text{Instant}$ 和一个具体的采集地点 $loc \in \text{Point} \cup \text{Region}$。在多数情况下，传感器数据的采样地点是一个精确的位置（即 $loc \in \text{Point}$）。但是，有时候也存在采样位置不精确的情况（即 $loc \in \text{Region}$），如在无线传感器网络中，通常在某个区域中可以布设一群传感器，此时所得到的采样数据（可以是单个传感器的采样值，或者是群体传感器的汇总数据）对应的采样地点即为一个地理区域。此外，为了快速地查询和分析各监控对象的历次采样信息，传感器采样数据应该以监控对象为单位进行组织，使得同一个监控对象的所有数据都存放在一起，并随着时间而动态变化。因此传感器采样数据表现出序列性和动态变化的流式特性。

在 IoT-NodeDB 中,为了对异构的传感器流式时空相关数据进行有效的管理,需要定义相应的数据类型与查询操作,在数据库内核一级实现传感器采样数据的高效存储与查询处理。采样数据序列包含多个分段的情况如图 4 - 3 所示。

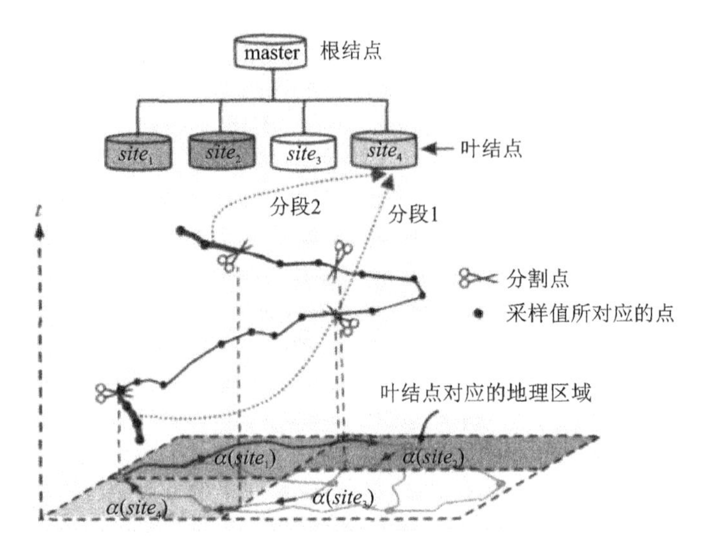


**图 4 - 3　采样数据序列包含多个分段的情况**

## 4.2.6　IoT-ClusterDB 数据库集群全局处理

物联网系统中海量的传感器对各种物理目标的状态进行着实时的监控。为了对海量传感器数据进行快速处理,人们需要大量的数据库结点并将它们组织成一个协同工作的物联网集群存储系统。

IoT-ClusterDB 采用一种双层树形结构,其中叶结点存储真正的传感器采样数据,而根结点则存储为了进行全局查询所需要的全局数据字典。IoT-ClusterDB 的体系结构如图 4 - 4 所示。

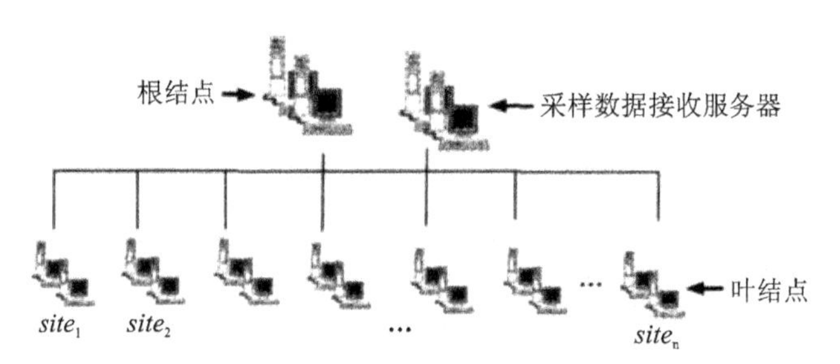


**图 4 - 4　IoT-ClusterDB 的体系结构**

在 IoT-ClusterDB 中,每个数据库结点(包括根结点和各个叶结点)均为传感器时空数据库。各结点除了具有所规定的数据类型和查询操作之外,还协同建立了分布式的全局索引及全局查询处理功能。为了提高系统的可靠性，根结点和每个叶结点都包含两个或多个数据库副本，如果其中一个副本失效，其他的副本可以接管其工作。

为了支持全局查询处理，在 IoT-ClusterDB 中需要建立分布式的全局关键字索引和全局时空索引。

为了在 IoT-ClusterDB 中支持关键字查询，需要建立一个全局关键字 $B^+$ 树索引（GlobalFull-TextKeyword $B^+$-Tree，GFTKB$^+$-Tree），图 4－5 给出了 GFTKB$^+$-Tree 的结构。

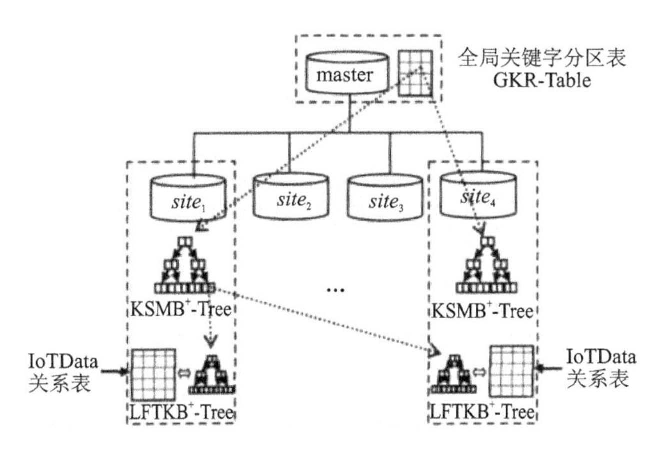


**图 4－5　GFTKB$^+$-Tree 的结构**

在 IoT-ClusterDB 中，所有的查询均发送给根结点进行处理。当根结点接收到一个关键字查询时，首先查询 GKR-Table，从而断定应该进一步查询哪个叶子结点；然后根据对应的叶结点得到一组叶结点，这些叶结点均包含被查询的关键字；最后，根结点将查询广播给这些叶结点并行执行，执行结果由根结点汇总并返回给查询用户。各叶子结点在执行来自于根结点的关键字查询时，将调用本地的快速得到查询结果。

## 4.3　高分遥感影像的地物要素自动识别与分类技术

传统的遥感影像目标识别方法主要是依据图像上的多光谱灰度特征。IKONOS、QuickBird 等高空间分辨率遥感影像的出现，以及即将或已经发射的高分 1－5 号卫星，除光谱特征外，人们越来越注重图像的空间特征如纹理、形状和地学知识等在信息提取中的作用，相继出现了一些有关的研究和论述。如何将高分辨率遥感影像分类与计算智能和知识工程的方法结合，以提高解译智能化程度和精度，典型地物信息提取所涉及的图像分割、影像特征分析、面向对象的分类、知识规则的表达等问题，都是本书需要研究和解决的关键问题。

## 4.3.1　面向对象的遥感影像分类技术流程

面向对象的遥感影像分类通过对影像的分割得到不同尺度的同质对象，再根据遥感图像分类或目标地物提取的具体要求，检测和提取目标地物的特征或特征组合，以达到对遥感图像目标地物识别的目的。

面向对象的遥感影像分类方法能够综合利用影像的光谱、形状、纹理和语义特征信息，更适合于细节丰富的高分辨率影像信息提取。由于经分割的影像对象内部属性相对一致或均质程度较高，使得影像的信噪比得到显著改善，减弱了同类地物的光谱变化，增大了不同地物的差异，增加了类别的可分性；同时，该方法能够提供矢量成果信息，分类得到的地理要素可用以更新地理空间数据库，提高了遥感与 GIS 集成的能力。图 4－6 为本次研究中遥感影像分类的技术流程。

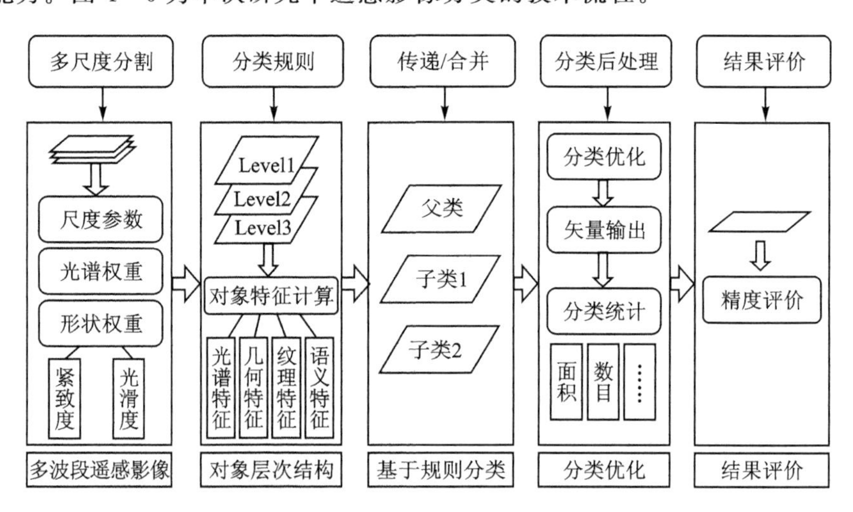


**图 4－6　遥感影像分类技术流程图**



## 4.3.2　分割参数的设定

影像分割参数是否适合目标地物的分割，将影响分割后形成的影像对象大小与形状，从而影响对象的属性，最终影响目标地物的分类精度。本书采用理论分析和实验相 结合的方法来确定分割的 3 个参数数值。

尺度参数决定着分割后对象的大小。尺度越大，生成的对象越大，对象越少，反之亦然。每个地物都有其相应的最优度，最优尺度的选择大多依靠目视评判。在某一尺度上分割后，与目标地物的分布情况对比，选择能够提取的目标地物的最优尺度。初始选择较小尺度和较大尺度进行分割，根据分割结果确定下一个实验尺度的大小，不断尝试直至找到合适的尺度或尺度范围。

形状因子参数决定着两相邻对象异质性计算中光谱因子和形状因子的权重。遥感影像中的光谱信息最为重要，地物的光谱响应决定着像元值的大小，从而决定着其他衍生特征的显现，如地物纹理特征和几何特征，因此光谱因子权重值要大于形状因子权重值。形状因子的设置有助于避免影像对象形状的不完整或破碎，但形状因子不能太高，若太高会导致影像对象光谱均质性降低，使得分割结果偏离实际的光谱信息。一般情况下，光谱权重因子为0.8，形状权重因子为0.2。对于特定地物，如道路，几何形状特征是其重要特征，要突出几何形状特质，应该把形状因子权重提高，可以尝试的光谱权重因子范围为0.6～0.8，形状因子权重对应为0.4～0.2。

### 4.3.3　影像地物特征分析

从遥感影像上提取地物信息需要充分了解目标地物在图像上的表征特点，并在信息提取过程中充分利用这些特点来提取地物。

道路在光谱特性上，亮度值较高，明显区别于其他地物；色调较为一致，反差小，因此其最大差分值较小。在几何特性上，表现为狭长线段，其长宽比值较大，密度值较小。通过分析，确定以 Brightness、Max、diff、Length/Width、Density 作为道路影像对象特征。

建筑物的提取有不少困难：一是建筑物与道路光谱特征相似，都有较高的亮度值，同谱异物现象明显；二是区内建筑物分布零散，排列无规律，屋顶灰度特征差异较大，高低规模相差也较大，成片集中区域相邻建筑距离较近。由于这些因素的影响，本书对建筑物的提取采用间接排除法，即先对道路特征提取，通过光谱特征差异，选择多波段灰度均值(Sum([Mean Red]+[Mean Green]+ [Mean Blue]) )和蓝色波段灰度均值 (Mean Blue)阈值，将高亮度值的不渗水性地面的道路、农田、建筑物与低亮度值的水体、草地、林地区分，而后通过自定义特征把建筑物从道路和农田中分离处理。

城市水体形状规整，色调基本一致，分割时宜采用较大的形状因子权重。为了提高分割精度，采用光谱差异分割 (Spectral Differ-ence Segmentation) 的方法对分割结果进行二次分割。该算法通过合并以前分割产生的有相似光谱的影像对象，以达到改进分割结果的目的。

### 4.3.4　分类结果优化与分析

通过图像分割，城市典型地物能够大致分割开。为了提高分类精度，需要对结果进行优化处理。本书采用区域增长合并法进行处理。对于误分割区域或连通性差的区域，可先执行合并操作，把临近类别合并为一体，而后设定区域对象所含像元数阈值，将误划分的类别去除。

### 4.3.5　分类结果在 GIS 环境下的处理

分类后的城市道路对象可能存在毛刺和道路断开的情况。这些毛刺主要是由提取的道路区域不规则引起的，并不是真正的道路；道路断开的情况也与现实中的道路呈网络分布不符。同样，提取出的建筑物与现实中建筑物一般表现为具有较多直角形态的特征尚有差别，建筑物对象出现形状不规整的情况比较普遍。需要对上述分类提取结果进行必要的图形编辑，才能更好地提取出城市建筑物、城市水体、城市道路等典型地物类型。

# 4.4 高分信息与物联网监测数据的快速匹配技术

## 4.4.1 自组织模型构建

高分遥感信息与物联网监测数据的表现规则与形式，有其自身所具有的表达特点，结合分幅组织、分区域组织、分要素组织和混合要素组织多重层面，从平面及垂直空间上对二者数据进行划分，建立多层次多角度空间数据的多级表达，以及面向城市的层次关联规则的多尺度数据的空间和非空间索引，实现多尺度空间信息数据的自组织。

### 1. 建立语义本体库，声明本体内映射规则

地理现象及知识描述方面参考 SWEET，元数据描述及空间信息服务的分类体系参考 ISO19115/ ISO19119 标准规范。SWEET 为各种不同的地球科学资源提供了一个共同的语义框架，它定义了一个关于地球系统科学的本体，该本体包含领域内的上千个术语以及与之相关的概念的精确定义，并且对相关概念间的联系作出了精确说明。SWEET 包含一些以 OWL 形式表示的本体，既包含正交概念(空间、时间、地球领域、物理量等)，又集成了一些科学知识概念(如现象、事件等)。SWEET 被设计成高级本体，允许创建地球科学的各个领域的具体应用本体补充 SWEET 概念。因此，在构建地理语义本体时，参考 SWEET 并进行适当调整和扩展，这将降低构建具体应用本体的工作量，并大大减少出错的可能性。语义本体映射流程如图 4-7 所示。

在构建的本体库的基础上，采用 SWRL(Semantic Web Rule Language)语言来描述术语之间的各种约束关系(如等价关系、包含关系等)，建立语义映射表。SWRL 的定义示例如下：

GeographicService(? x) ∧ CompositeProcess(? x) ∧ has_process(? x, ? y) ∧ swrlb: greaterThanOrEqual(? y, 2) → GeospatialServicesChain(? x)

### 2. 数据过滤

规则元数据是对元数据的衡量准则，是判断元数据是否符合要求的重要标准，如表 4-1 所列。质量控制的标准就是该数据文件对应的物理表的规则元数据，数据校验包括对规则和规则元数据的制定。

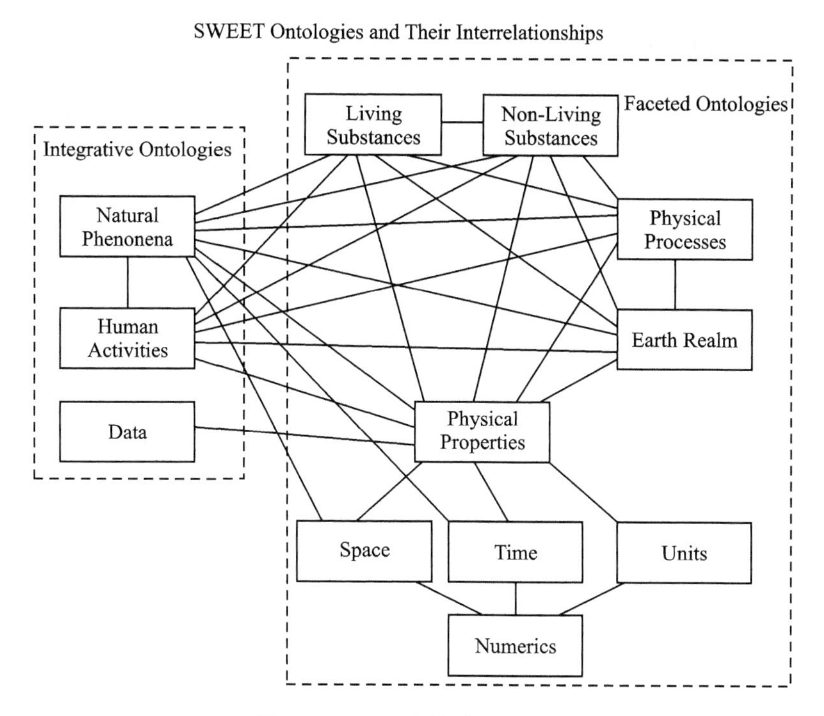


图 4-7　语义本体映射流程图

表 4-1　规则元数据

| 名　称 | 说　明 |
|---|---|
| 规则名称 | |
| 规则错误程度 | 规则处理错误分级：强制性、准强制性、核实性、可忽略核实性 |
| 规则状态 | 规则使用情况 |
| 规则类型 | 规则适用对象，具体到物理表 |
| 规则表达式 | |
| 错误信息 | |
| 运算符号 | 规则表达式中使用的运算符 |
| 运算函数 | |

数据的规则校验包括数据的取值范围、每个字段符合的特殊规则（如时间的规则）等。还包括数据的逻辑匹配，主要匹配数据方法包括数据运算函数及运算符。数据的逻辑校验主要是针对多个数据之间的校验。通过数据校验将不符合要求的数据过滤掉，保证下一步数据处理的有效进行。

## 4.4.2 构建地名词典

构建地名词典是为了通过地理坐标、语义、索引等多种条件进行数据匹配。除了利用通用的GIS地名库之外，为了满足专题内容的检索需求，地名词典中还加入了专题地名库(如地方志中的地名库)。通过对这两类地名数据库的整合处理，构建了相对比较完整的地名词典。为了提高检索速度，在地名词典的基础上，本书提出了构建地名索引库的方法。

为简化问题，需要对网络信息的文字进行分句处理，使内容众多的文字文件变成单个句子的集合，这样就可以将对于复杂信息的中文地名提取问题转换为对单个中文句子的地名提取问题。分句处理的方法可以通过标点符号的判读来实现。

### 1. 地名词典的数据组织

对于单句文本自动识别而言，简单的理解就是在一个给定的文本串中将地名切分并标记出来。如果地名词典规模不大，通过数据库技术，用简单的字符匹配操作就可以实现地名的自动识别。但是，文本的内容具有不确定性，地名在文本中出现的位置以及上下文内容也具有不确定性。要实现对任意文本和任意形式的地名都能自动识别出来，要求地名词典应具备地名完备性。词典越完整，地名识别的效果就越好。

因此在构建地名词典时，采用“分层分块”的地名数据组织方式，根据不同类型和不同区域专题数据，提取相应层和相应区域的地名作为地名词典，如图4-8所示。这样既保证了词典的数据完整性，又提高了识别效率。

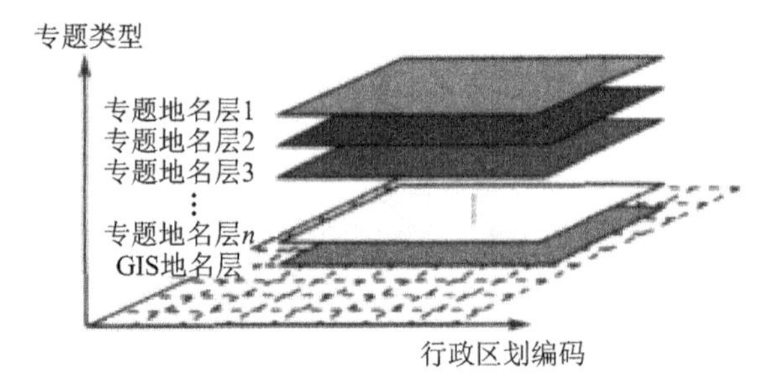


图4-8 地名词典构建示例图

### 2. 地名词典索引表的建立

为进一步提高识别性能和效率，在地名词典基础上，构建地名词典索引表。构建地名词典索引表的目的主要有两个：一是提高对地名词典的检索效率，类似于汉语词典中的检索目录，同时这也是借鉴了GIS中对空间数据进行索引的思想；二是从地名词典中提取相关特征字和特征参数，为快速地名识别做好相关准备工作。

地名词典索引表的构建过程如图4－9所示，首先遍历地名词典，将所有地名首字去重后排序；然后构建全局单字索引，并在索引中存储对应的所有地名记录ID和最大地名长度。

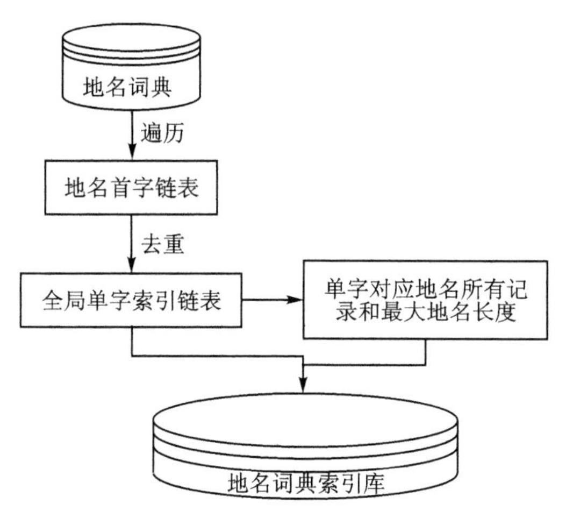


图4－9　地名词典构建

### 3. 单句地名的自动识别

单句地名自动识别可分为两步进行：一是地名单元切分，二是编码分析和单元合并，具体的切分算法流程如图4－10所示。

图4－10中，C表示地名单元对应的行政区划编码，P为地名单元到句首的相对距离，DI表示地名词典索引库。

在进行地名单元切分时，获得的每一个地名单元都对应着一个具体的地理范围(或空间位置)。但在实际生活中，人们在用汉语表达具体位置时，常习惯从大到小分层次表达一个具体的地理位置，因此在文本中经常会出现多个地名彼此相连接的情况。如"河南省郑州市二七区"，经过地名单元切分，它会变成3个地名："河南省"、"郑州市"、"二七区"。但是，从汉语表达空间概念以及其地名所指向的空间特性而言，"河南省郑州市二七区"应当作为一个完整的地名来看待。因此，需要进行地名单元合并的工作。

地名单元合并方法可从地名单元切分结果中标注的编码和相对位置分析入手。规则是：如果 $n$ 个地名单元首尾相连，且在空间范围上存在包含关系，则认为它们属于一个地名单元。其中，"首尾相连"和"包含关系"的数学定义如下：

定义1：假设在一单句S中存在 $n$ 个地名，记为($S_1$，$S_2$，……，$S_n$)，各个地名的串长记为($L_1$，$L_2$，……，$L_n$)，在句中的相对位置记为($P_1$，$P_2$，……，$P_n$)，对于 $E_i$ 和 $E_j$ ($j=i+1$，且 $i<n$，$j<n$)，如果 $P_j-P_i=L_i$，则称 $E_i$ 和 $E_j$ 相连。

定义2：设定义1中 $n$ 个地名对应的编码为($C_1$，$C_2$，……，$C_n$)，相应的行政区划

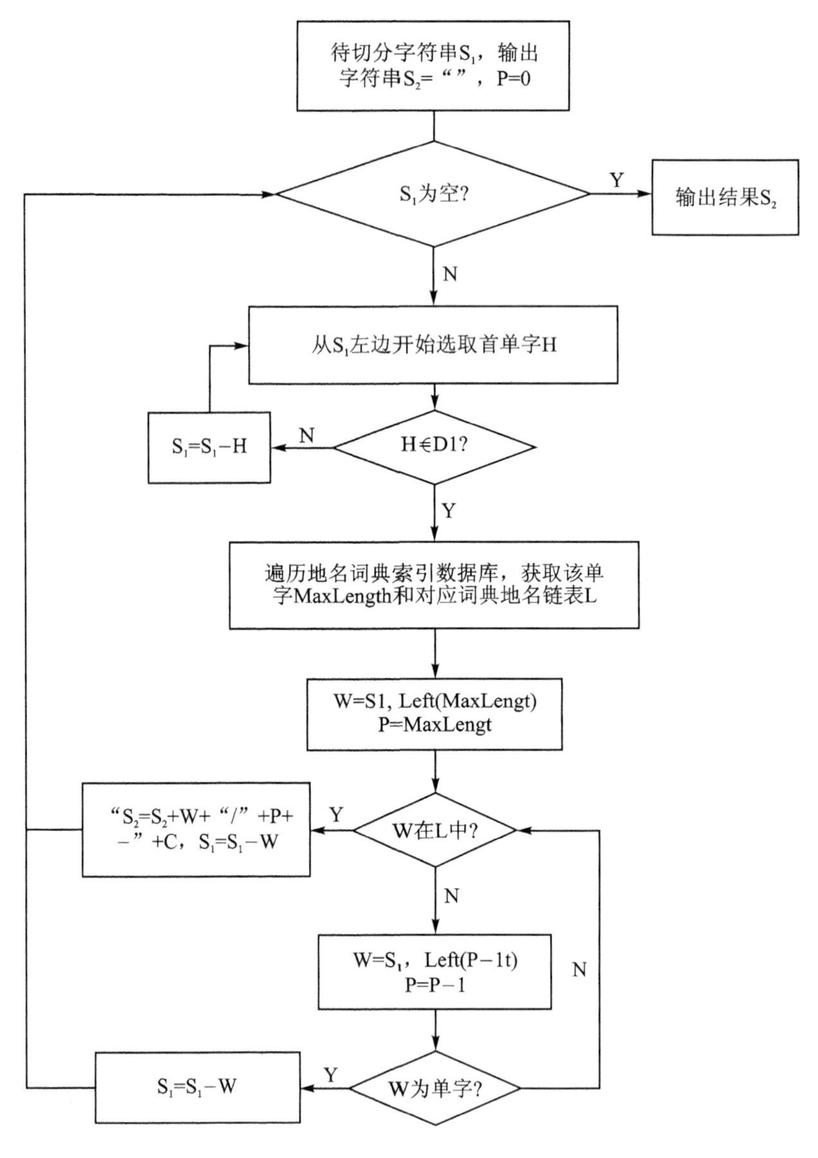


图 4-10　地名识别算法

编码中的 4 个分区编码为($C_{11}$, $C_{12}$, $C_{13}$, $C_{14}$, $C_{21}$, $C_{22}$, $C_{23}$, $C_{24}$, …, $C_{n1}$, $C_{n2}$, $C_{n3}$, $C_{n4}$)，对于 $E_i$ 和 $E_j$，分别计算分区编码差值 $R_k=|C_{ik}-C_{jk}|(k=1,2,3,4)$。如果任一 $R_k$ 不等于 $C_{ik}$ 或 $C_{jk}$，则认为 $E_i$ 和 $E_j$ 间不存在包含关系；否则判定为 $E_i$ 包含 $E_j$。

依据上述定义，可以自动判定连续地名的逻辑关系，如果存在包含关系，就将这连续地名进行合并，取范围最小的地名空间信息作为该地名的空间信息。

### 4.4.3　高分信息与物联网监测数据的快速匹配技术

在时空关联规则建立的层次基础上，通过物联网监测数据的属性信息，根据条件查询属性数据获取区域编号，再根据区域编号在层次的索引树中查询，得到区域MBR（Minimum Bounding Rectangle），快速生成相关的空间数据信息。

首先，根据物联网监测数据对应的区域名或地名，找到相应的编号；

然后，根据编号在层次索引树中寻找，找到最小的包含该区域或地名的结点，获取该区域MBR；

其次，依据生成的MBR生成快速定位表；

最后，根据快速定位表去寻找高分遥感信息或专题数据，实现二者之间根据空间坐标、文本、索引等条件的快速匹配。

## 4.5　高分遥感信息提取及与物联网融合技术

### 4.5.1　城市建筑物能耗高分信息提取及融合

#### 1. 数据获取

在进行城市建筑物能耗检测时，首先需要用到高分遥感的可见光数据和红外数据。可见光数据既可以作为数据底图，又可以得到城市建筑物的专题信息；红外数据可以反演得到地表温度；具体的反演算法在下面给出。

同时，还需要得到以下数据：

**(1) 建筑动态信息数据。**

建筑动态信息数据主要包括建筑分项实时能耗数据和建筑环境气象数据。建筑分项实时能耗数据指建筑内用于采暖、供冷、供生活热水，以及风机、炊事设备、照明设备、家电/办公设备、电梯、机房设备、建筑内服务设备和其他特殊功能设备等的能量消耗。建筑环境气象数据是指中国建筑热环境气象数据，集中用于热环境分析的地面气候资料，主要包括气温、相对湿度、地面温度、风向风速、日照时数等参数。

**(2) 建筑静态信息数据。**

建筑静态信息数据主要包括房地产信息、围保系统信息、空调设备信息、可再生能源系统信息、空间地理信息。房地产信息是指建筑物的类别、用途、占地面积、建筑面积等数据；围保系统信息是指建筑物围保系统的结构、围保材料类别等；空调设备信息是指空调的类型、功率等；可再生能源系统信息是指太阳能光热、太阳能光电、空气源热泵等系统的信息；空间地理信息是指与建筑物空间地理分布有关的信息，表示地表建筑体及环境固有的数量、质量、分布特征、联系和规律。

以上数据由人工调查和物联网传感器采集得到。

汇总了遥感影像数据和建筑能耗及基础数据后，根据建筑监管业务的不同需要，按照不同的数据颗粒度对建筑进行建模。在建筑节能评价指标体系的基础上，根据节能及舒适度特征量化描述的集合对建筑物能耗进行监测和评价。

## 2. 利用高分遥感红外数据反演地表温度

### (1) 比辐射率

比辐射率又称发射率，用 $\varepsilon(T,\lambda)$ 表示。比辐射率是指物体在温度 $T$、波长 $\lambda$ 处的辐射出射度 $M_S(T,\lambda)$ 与同温同波条件下黑体辐射出射度 $M_B(T,\lambda)$ 的比值，公式如下

$$\varepsilon(T,\lambda,)=M_S(T,\lambda)/M_B(T,\lambda)$$

简化为

$$\varepsilon(T,\lambda)=\text{物体的辐射出射度}/\text{同温下黑体的辐射出射度}$$

比辐射率是一个无量纲数，$\varepsilon$ 的取值在 0～1 之间。它是波长 $\lambda$ 的函数，由材料性质决定。通常在较大的温度变化范围内为常数，故常不标注为温度的函数。仅从比辐射率的定义看，若运用红外辐射计测出物体的辐射出射度以及相同表面温度下黑体的辐射出射度，则可得到比辐射率。但事实上，在自然环境下要证明被测物和一个黑体的表面温度相同是很困难的。更何况所测的被测物的出射辐射度中还包含有部分环境辐射，若不知比辐射率则无法将它们分开。据粗略计算，比辐射率 0.01 的误差可导致从遥感器输出的辐射温度和真实温度之间产生 1 ℃左右的差距。

目前主要有以下几种方法：

(a) 根据热红外光谱仪里最小比辐射率和最大相对比辐射率之差的统计关系得出；

(b) 利用像元内所包括的不同类型的贡献率来估计像元的比辐射率的 NDVI 算法；



(c) 利用比辐射率与多通道相对比辐射率之间的经验关系来计算地物的绝对比辐射率；

(d) 在假定比辐射率不变或与温度无关的热红外波谱指数不变的条件下，利用多时相热红外数据来确定。

研究采用第二种方法，以下是针对城区提出的推导公式估算地物比辐射率：

$$\varepsilon += P_V R_V \varepsilon_V + (1-P_V) R_m \varepsilon_m + d\varepsilon$$

其中：

$$R_V = 0.9332 + 0.0585 P_V$$

$$R_m = 0.9886 + 0.1287 P_V$$

式中，$R_V$ 和 $R_m$ 分别是全植被和建筑表面的温度比率，定义为 $R_i=(T_i/T)4$，其中 $i$ 代表植被或裸土；$\varepsilon_V$ 和 $\varepsilon_m$ 分别指代在热红外波段下的纯植被表面和建筑表面的比辐射率，在 Sobrino 等人的研究中，分别取 0.985 和 0.968；$d\varepsilon$ 为修正值。应当指出的是，如果上式算出的 $\varepsilon>\varepsilon_V$，则取 $\varepsilon=\varepsilon_V$。

**(2) 大气水分含量**

大气水分含量($\omega$)对单波段热红外遥感温度反演有非常大的影响。

陈峰等的研究表明大气水分含量对热红外波段影响很大,在地表温度反演过程中,假定区域内大气水分均匀分布或者以一点的大气含量作为全部含量值的做法必定会给反演结果带来误差。

利用 Kaufman 和 Gao 的 2 通道比值法计算大气水分含量公式为:

$$T_{\omega}(19/2)=\rho_{19}/\rho_{2}$$

$$\omega=(\alpha-\ln T_{\omega}(19/2)/\beta)^{2}$$

$T_{\omega}$ 是大气透射率,$\rho_{19}$ 和 $\rho_{2}$ 分别是 MODIS 影像 19 和 2 波段的表观反射率。对于混合型地表,$\alpha=0.020$,$\beta=0.651$;对于植被覆盖的地表,$\alpha=0.012$,$\beta=0.651$;对于裸土地表,$\alpha=-0.040$,$\beta=0.651$。

**(3) 温度反演建模**

建模一般需要 6 个基本的步骤:明确问题、放置对象图形、连接各个对象、定义对象、定义函数操作和运行模型。在此基础上便建立了单窗算法和普适性单通道算法的温度反演模型分别如图 4-11 和图 4-12 所示。

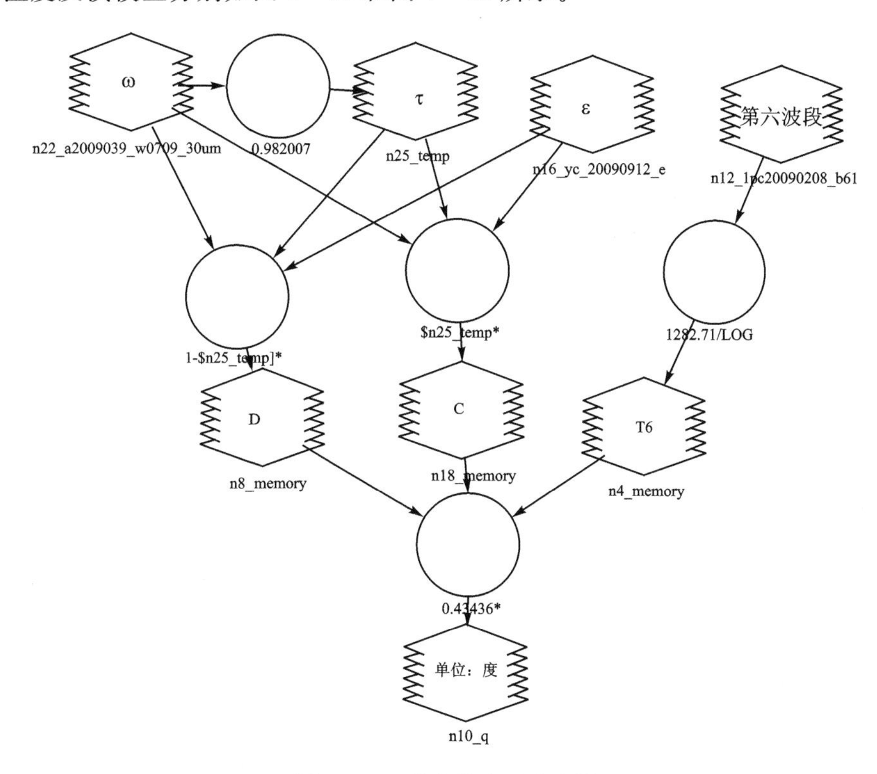


**图 4-11　单窗算法反演建模**

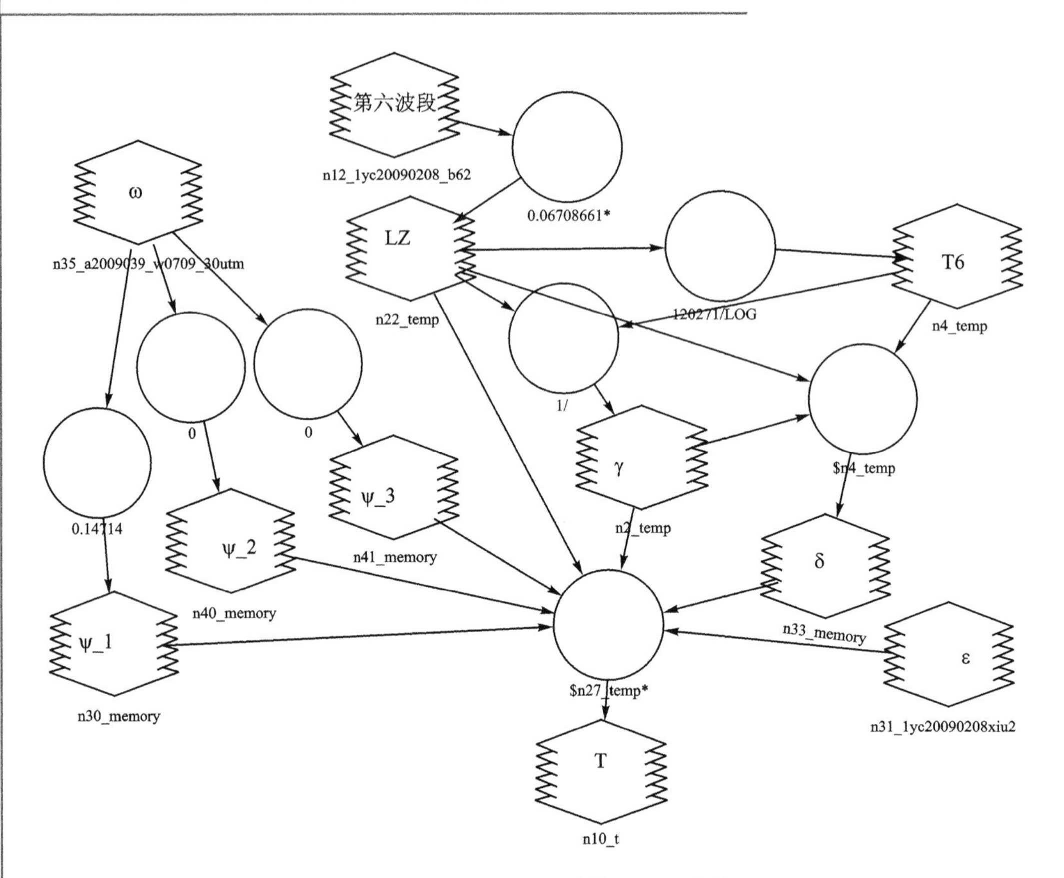


图 4-12　普适性单通道算法反演建模

**(4) 建筑表面温度提取**

建筑表面温度提取只需要用建筑矢量图裁剪反演得到的温度图。



## 4.5.2　城市建筑物形变高分信息获取及融合

利用高分 SAR 技术可以得到城市建筑物形变高分信息，利用物联网传感器可以监测到建筑物形变。利用物联网技术得到的建筑物形变是从地面上得到建筑物形变的"点"数据，可以长时间不间断的连续观测。因此可以用物联网监测数据来验证并校正 SAR 技术从高空上反演得到"面"数据，从而提高 SAR 监测城市建筑物形变的能力。

### 1. 相干目标点识别方法

相干目标是指在时间序列上具有稳定后向散射特性，且保持较为稳定相位特征的地面目标。一般分为点目标和分布目标。常用的相干目标识别方法有相干系数阈值法、振幅离差指数法和相位离差阈值法。

**(1) 相干系数阈值法**

相干系数阈值法被认为是比较直观比较简单的相干目标筛选方法。其基本思路是对某一分辨率的像元来说,在一定范围内根据邻近像素信息估计该像元的相干系数,表达式为:

$$\gamma=\frac{\left|\sum_{i=1}^{m}\sum_{j=1}^{n}M(i,j)S^{*}(i,j)\right|}{\sqrt{\sum_{i=1}^{m}\sum_{j=1}^{n}|M(i,j)|^{2}\sum_{i=1}^{m}\sum_{j=1}^{n}|S(i,j)|^{2}}}$$

其中,$M$ 和 $S$ 分别表示构成干涉对的 SAR 影像,* 表示复数的共轭。利用相干系数可估计干涉图的信噪比,即:

$$\mathrm{SNR}=\frac{\gamma}{1+\gamma}$$

相干系数大小决定了干涉相位的质量好坏。上式也表明,干涉图信噪比可以用相干系数来衡量。因此,设定一个适当的阈值,判断在时间序列上得到的相干系数序列,若时间序列上像元的相干系数大于设定阈值则为相干目标,否则不是。

相干系数阈值法优点是原理简单,计算方便。但其缺点也很明显,主要表现在两个方面:一是窗口大小直接影响着相干系数的估计。因为该方法基于局部的移动窗口进行计算,因此,当选择窗口过大时,估计结果的可靠性就越大,但降低了分辨率,易使孤立、有效的相干目标遗漏,也可能使非稳定点选择成为相干目标。二是主影像的选择决定着各干涉对的时间基线、时间失相干噪声水平以及相干系数的估值,因此,如何合理选择主影像成为一个难题。

**(2) 振幅离差指数法**

振幅离差指数是相干目标提取技术中的经典方法。根据 Ferretti 等人的研究成果,在高信噪比像元上,相位噪声水平可以使用时序幅度离差指数等价衡量。离差指数为时序振幅标准差与均值的比值,即



$$D_A=\frac{\sigma_A}{\mu_A}$$

式中,$\sigma_A$、$\mu_A$ 分别为振幅值序列的标准差和均值。在常信号和高信噪比条件下,$D_A=\sigma_\varphi$,$\sigma_\varphi$ 为相位标准差。图 4－13 表明了振幅偏离差和相位标准差的关系,其中,当 $D_A$ 很小时(如小于 0.25),$D_A$ 是相位稳定性的一个可信估计。因此,当像素的离差指数大于给定阈值时,该像素被判别为相干目标,否则为非相干目标。

需要指出的是,振幅离散指数法更适用于探测高信噪比的相干目标。该方法的优点是,可以直接应用于经过辐射校正的影像。但是,要得到可靠的估计,要求至少有约 20 个时间采样数据。

**(3) 相位离差阈值法**

相位离差阈值法是指根据地面目标在时间上相对稳定的散射特性,通过对相位信号的时间序列分析来识别相干目标。相干目标反射的时间稳定性表现为其回波相

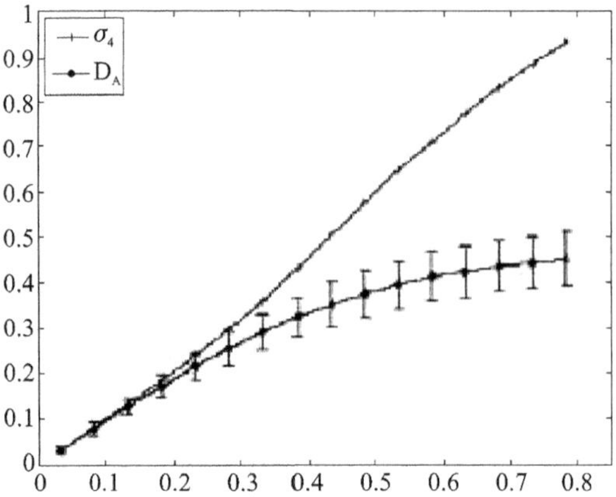

图 4-13 幅度偏离指数同相位标准差随噪声的变化关系

位在时间序列上具有一定的统计特性,可用相位离差来定量表示。如果某像素的相位离差小于某一给定阈值,说明该像素对应的目标具有较稳定的散射特性,则可将它作为相干目标。

首先,按下式计算 $K+1$ 幅配准的 SAR 影像中各像素$(i,j)$的相位序列值 $\phi_l(i,j)(l=1,2,\cdots,K+1)$,

$$\phi_l(i,j)=\arctan\left[\frac{I_l(i,j)}{R_l(i,j)}\right]\quad(j=1,2,\cdots,M;j=1,2,\cdots,N)$$

式中,$R$、$I$ 分别表示复数的实部和虚部;$M$、$N$ 分别表示影像行列数。根据下式统计各像素$(i,j)$的相位离差 $D_\phi(i,j)$,

$$D_\phi(i,j)=\frac{\mathrm{std}\left[\phi_l(i,j)\right]}{\mathrm{mean}\left[\phi_l(i,j)\right]}(l=1,2,\cdots,K+1)$$

最后设定某个适当的值作为相位离差阈值 $T_D$,与各像素$(i,j)$对应的相位离差 $D_\phi(i,j)$进行比较,如果 $D_\phi(i,j)\leqslant T_D$,就将像素$(i,j)$作为相干目标。

实际上,在相干目标短基线 InSAR 处理过程中,应根据获得的数据量的多少,研究区内相干目标的散射特性等限制条件,应用上述至少一种或几种方法来提取尽可能多的相干目标。

### 2. 相干目标点属性分类方法

相干目标属性分类方法建立在高精度时序 InSAR 结果基础上,按照城市地物分类体系标准,首先将研究区内的相干目标点分为 11 类,再将这 11 类归纳为 2 大类别:地面和工程类,以反映出地面自然赋存条件影响下的建筑物形变及各类工程建成后受到自身结构及人为扰动综合影响而产生的形变,其中,工程类包括了建筑、道路、桥梁、管线设施和工矿设施等。进一步按照工程设施行业规范,对各工程类再进行亚类的划分,同时,根据图像特征、相干目标点与地物目标的空间拓扑关系、野外核对调查等手段和SAR层析技术，对划分出的亚类作进一步的质量控制。属性分类方法和流程如图4-14所示。

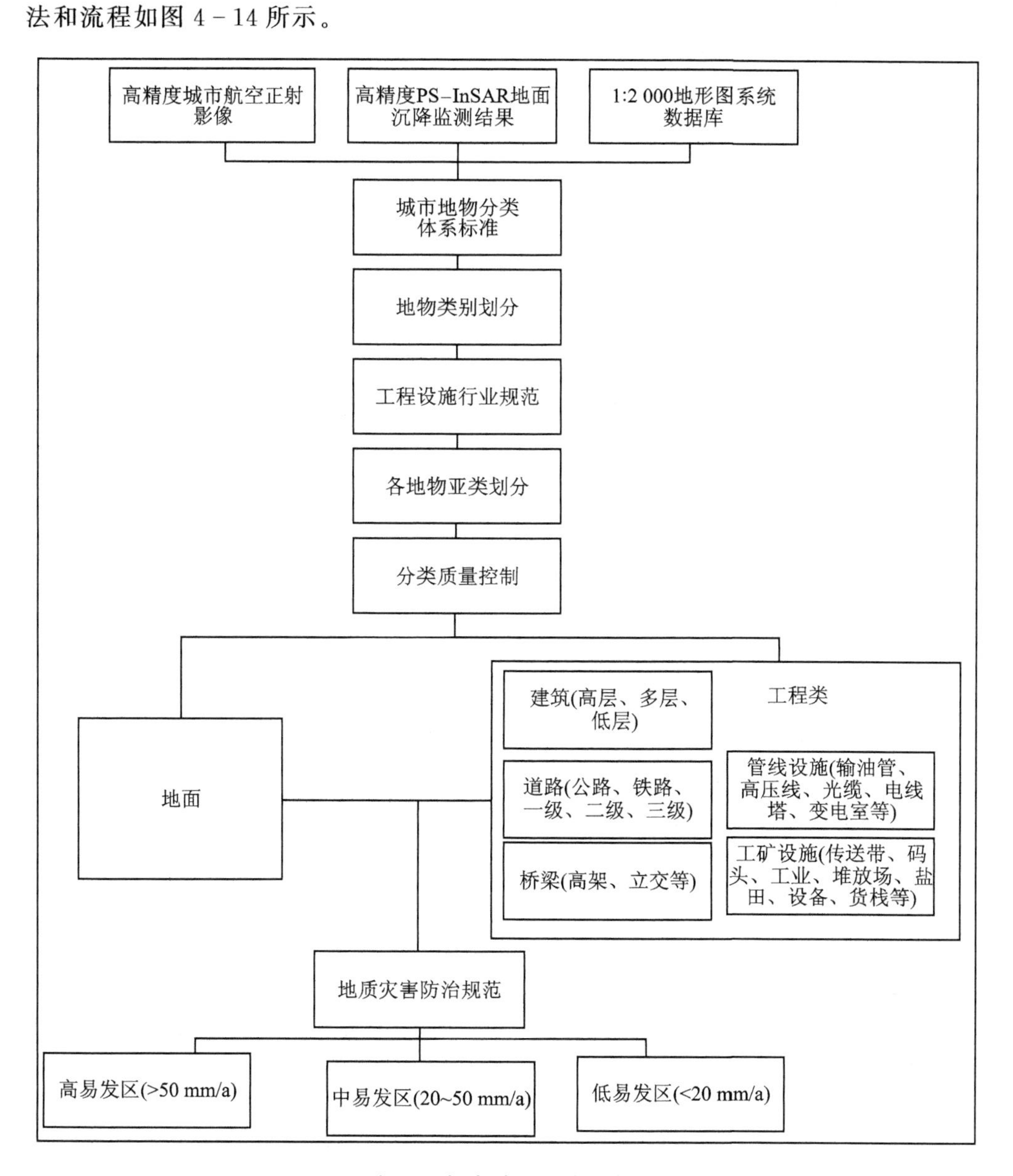


**图4-14 相干目标点地物属性分类方法和流程**

### 3. 相干目标短基线时序InSAR算法

相干目标短基线时序InSAR算法(coherent target small-baseline time series InSAR algorithm)是在PS-InSAR和SBAS-InSAR的基础上研究成的，综合了两种算法的优点。该算法的基本原理是：以短基线准则构建差分干涉相位图，自由组合干涉像对；根据相干目标的散射特性和数据量的实际情况，结合几种相干目标识别算法，最大化地识别相干目标；在形变场提取过程中，兼顾线性形变和非线性形变，得到二者共同作用下的形变场。

该算法关键步骤包括相干目标识别、干涉像对组合和相干目标差分相位时间序列分析等，具体过程详见图 4 - 15 所示的数据处理流程图。

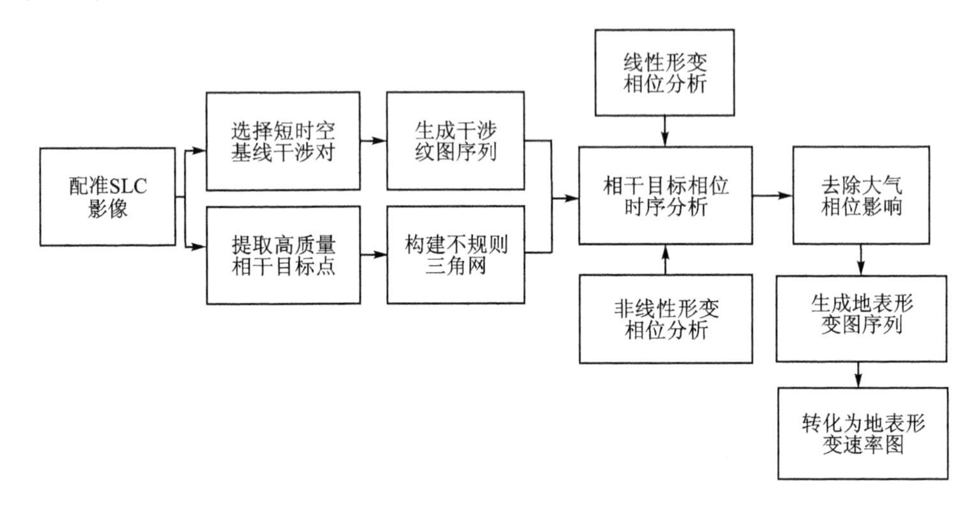


图 4 - 15　相干目标短基线 InSAR 数据处理流程图

## 4.5.3　城市水体容积高分信息获取及融合

利用高分遥感近红外数据提取城市水体边界，然后用物联网监测数据来验证和校正高分数据反演精度，提高高分数据在城市水体方面的应用。

### 1. 城市水体边界高分遥感监测方法

#### (1) 光谱指数提取法

水体在近红外波段明显比在红波段吸收性强，二者的 DN 值差异较大，故水体的 NDVI 值呈现负值。因此，可用高分图像的近红外波段和红波段组合来提取水体目标。归一化差异水体指数 NDWI 由 Mcfeeters 提出，水体的反射率从可见光到近红外依次降低，在近红外波段几乎无反射，因此可用绿波段和近红外波段的反差组成的 NDWI 进行水体信息提取。同时，由于植被在近红外波段具有很强的反射，利用绿波段和近红外波段的组合还可以极大地抑制植被的影响，从而将水体与其他地物区分开。

在进行水体指数运算时，同一景图像的定标系数实际上被约分去掉，因此可以用像元 DN 值代替表观反射率进行光谱指数计算。对计算得到的 NDVI 和 NDWI 图像进行灰度直方图分析，选取合适阈值进行图像二值化，以区分水体和背景物。

**(2) 决策树提取法**

先对计算得到的 NDVI 图像进行二值化。由于水体与含水量高的植被、浅滩及山体阴影等易造成错分现象,为了最大限度地保护水体区域,故应选取稍大的阈值。NDVI 图像灰度直方图呈双峰分布,为了使水体区域被最大限度地保留,同时也不至于使非水体被错分为水体的概率过大,故选择非水体起点值−0.127 作为二值化的阈值。然后,以二值化后的 NDVI 图像作为水体掩模,将其和 NDWI 图像进行掩模运算,得到 NDWI 掩模图像。经过这一步处理后,NDWI 图像中的非水体地物得到很大程度的去除。最后,利用经掩模运算后的 NDWI 图像灰度直方图选取合适的阈值,对 NDWI 图像进行二值化处理。通过对 NDWI 掩模图像及其灰度直方图进行分析可知,灰度值在[0.19,0.24]区间内的像元主要为受冰雪、薄云和山体阴影等影响的像元,为了有效消除这些因素的影响,阈值应在该区间内选取。以 0.01 为间隔,依次选取 0.19～0.24 之间的值作为阈值进行图像二值化,发现选择 0.21 作为阈值时水体提取结果最佳。

### 2. 城市水体边界高分遥感监测方法

**(1) 归一化差异水体指数**

水体因对入射能量具有强吸收性,并随着波长增大吸收能力逐渐增强,在近红外波段附近,几乎所有入射纯水的能量均被吸收,所以可见光波段是研究水体的主要波段。清澈水体的遥感信息模型根据其反射率可以近似表示为:蓝光＞绿光＞红光＞近红外＞中红外。其公式为:NDWI ＝ (Green － NIR)/(Green ＋ NIR),其中,Green 跟 NIR 分别代表绿波段和近红外波段。由于水体的反射从可见光到中红外波段逐渐减弱,在近红外和中红外波长范围内吸收性最强,几乎无反射,因此,用可见光波段和近红外波段的反差构成的 NDWI 可以突出影像中的水体信息。另外,由于植被在近红外波段的反射率一般最强,因此采用绿光波段与近红外波段的比值可以最大限度地抑制植被的信息,从而达到突出水体信息的目的。

**(2) 主成分分析**

该步骤旨在利用降维的思想,把多指标转化为少数几个综合指标。主成分分析的优点是消除波段间的相互关系,减少各波段之间的交叉和冗余,有利于分析。按特征值大小进行排列,研究采用第一主成分图像作为分析对象。

**(3) 利用 CV 模型进行城市水体边界提取**

在求解 CV 模型时需要用到水平集理论,该方法最初由 Osher 和 Sethian 提出,它是一种将曲线(或曲面)隐藏在更高一维连续曲面的零等值面(或称零水平集)中来隐式地完成曲线常演化的方法,通过水平集理论与 CV 模型的处理后就可以得到城市水体边界。

## 4.5.4　城市水体水质高分信息获取及融合

选用高分遥感数据合适的波段,分别反演得到城市水体的悬浮物、叶绿素、有色可溶性有机物等信息。然后用物联网监测数据来验证和校正，提高高分遥感数据在城市水体应用方面的能力。

### 1. 悬浮物的高分遥感监测

#### (1) 矩阵反演模型

Hoogenboom 等基于物理分析方法提出矩阵反演模型，从水下辐照度提取水体叶绿素和悬浮物；Moore 等利用不同波段的水面反射比的理论关系模型反演悬浮物浓度，并提出用近红外波段水体及大气光学的双层模型对水质模型进行大气校正；Dekker 等提出基于实测水体在光学性质的物理光学模型提取悬浮物浓度，该算法经过大气校正及水气界面校正，可用于多时序的 TM 和 SPOT 数据中。考虑到理论计算与水体散射机制之间的差距以及一些水体参数测定方面的困难，这些理论模式在实际应用时，多采用水体光学理论模式简化后的经验、半经验模式。

#### (2) 经验、半经验方法

通过遥感数据与同步实测样点数据间的统计相关分析，确定两者间的相关系数，建立相关模型，如线性关系式、对数关系式、Gordon 关系式、负指数关系式、统一关系式等。线性关系式关系简单，误差较大；对数关系式在悬浮物浓度不高时精度较高。1973 年 Williamas 对切萨必克湾( Chesepeake)进行了悬浮泥沙的遥感定量研究，发现悬浮泥沙含量与卫星遥感数据呈线性关系；1974 年 Klemas 等将遥感资料应用于特拉华湾(Delaware Bay)，发现悬浮泥沙含量与陆地卫星 MSS 亮度值呈对数关系；李京提出了反射率与悬浮物含量之间的负指数关系式，并成功地应用于杭州湾水域悬浮物的调查；黎夏推导出一个统一式，其形式包含 Gordon 表达式和负指数关系式，将该模式应用于珠江口悬浮物的遥感定量分析；Mahtab 等利用地物光谱仪模拟 TM 波段设置，对不同浓度悬浮物光谱反射率进行测量研究，结果表明 TM4 波段是估测悬浮物浓度的最佳波段，建立 TM4 波段反射率估测悬浮物浓度的二次回归模型，该模型估测效果优于线性模型。



### 2. 叶绿素高分遥感监测方法

#### (1) 解析算法

解析算法是利用各种辐射传输模型，如 Gordon 等人提出的准单次散射近似等来模拟光在水体和大气中的传播过程，并利用/生物-光学模型 0 确立各水体成分的浓度与水体的反射率光谱之间的对应关系。所以解析算法是基于模型的算法，也可称它为半经验算法。常用的解析算法分析模型有：代数法、神经网络模型法、主成分分析法、光谱混合分析法等。其中，神经网络模型法是类似于生物神经系统的神经细胞人工神经元互联而成的，具有一定的智能功能网络模型。该算法的出现，很好地反映了叶绿素浓度与光谱特征之间的非线性关系，不仅可以满足小范围的统计，而且可以运用于大变化范围的模拟方程。它可以模拟人脑的一些基本特性，灵活地模拟各种非线性关系，若给出一定的节点数目，包含一个隐含层的神经网络就可以令任何连续方程接近任何精度。一个简单的神经网通过训练就可以用来估算叶绿素浓度，达到比现有的回归分析方法更高的精度。比如 Keiner 和 Brown 采用 SeaWiFS 数据的可见光波段(412 nm，443 nm，490 nm，510 nm 和 550 nm)，用神经网计算方法估算了海洋叶绿素浓度，提高了计算精度。主成分分析法和光谱混合分析法类似，都属于影像分析方法，两者的主要不同是前者分析主成分变化完全依靠场景变化，而后者的分析是定义一个确切的在空间上和时间上都恒定的参照物。光谱混合分析法的算法有很多种：线性混合模型、非线性混合模型、凸面几何学分析模型、有限光谱混合分析法等。在均匀光照明、表面比较光滑的情况下，不考虑各种地物间因散射而产生相互作用的情况下，特定区域内反射光线为各种地物在视场内反射光的线性组合，这就是线性光谱混合模型。

**(2) 经验算法**

经验算法是基于遥感反射率或归一化离水辐射率(KWN)现场光学测量与特定水体要素浓度的关系，即通过测量水体表面的光谱辐射特征和水体中各水体要素的浓度而建立的。该算法是建立在实验数据基础上的，在考虑光学信号衰减时，现场色素反演的 LWN 和卫星过境时收集的叶绿素数据，这些关系可以用来建立水体叶绿素浓度的反演算法。最简单的线性对数回归分析方法，就是“蓝绿波段比值法”。它是利用水体随着叶绿素浓度的增加，离水辐射度光谱峰从蓝波段向绿波段偏移的机理而提出来的。它建立的基础是离水辐射度的高精度现场测量和叶绿素浓度的同步测量。蓝绿比值算法最初是用来处理和解释海岸带水色扫描仪(CZCS)图像的。

### 3. 有色可溶性有机物(CDOM)浓度的高分遥感监测

有色可溶性有机物是以 DOC 为主要成分，分子结构复杂，主要是指黄腐酸和腐殖酸等未能鉴别的 DOC 组分。CDOM 可能由氨基酸、糖、氨基糖、脂肪酸类、类胡萝卜素、氯纶色素、碳水化合物和酚等组成。它在紫外和蓝光范围具有强烈的吸收特性，在黄色波段吸收最小，呈黄色，故又称这类复杂的混合物为“黄色物质”。CDOM 是一个很重要的生物光学参数，有极其稳定的光学性质，是水体(尤其是海洋)中很好的示踪物质，探测 CDOM 的属性将能演绎海水中碳的含量。在以陆源 CDOM 为主的近岸海域，CDOM 浓度可以作为海水污染程度的指示剂。内陆水体中通常利用 CDOM 在 440 nm 处的吸收系数表示其含量的多少。

目前对 CDOM 的研究大致有两方面：一是进行水色遥感时如何消除 CDOM 的干扰；二是研究遥感探测 CDOM 浓度的方法。国际上对 CDOM 浓度信息的提取模式有：直接提取浓度信息；计算黄色物质在某一特征波段的吸收系数，用吸收系数来表示黄色物质浓度。第一种模式考虑到海洋化学指标的 CDOM 分析检测比较复杂和海洋化学分析检测的现状，以及海洋水色遥感技术在水环境监测的实际应用，通常视 DOC 为 CDOM 的一种替代物来进行研究。美国学者 Arenz 等利用在科罗拉多8个水库的实测光谱资料和DOC浓度资料进行回归分析，发现DOC浓度与波段组合R716/R670，R706/R670具有很好的相关性，并建立了提取DOC浓度信息的回归关系式；陈楚群等(2003)用海水的DOC代表海水CDOM，基于模拟光谱数据和SeaWiFS海洋水色数据，建立珠江口DOC浓度遥感反演的算法，发现DOC浓度与波段组合R670/R412高度相关(R2＝0.839)。

## 4.5.5 城市内涝高分信息获取及融合

### 1. 风险辨识与认知

风险辨识与认知是道路内涝风险的第一步，利用高分系列卫星遥感数据提取出城市道路信息以后。再利用北斗卫星采集到城市道路中的高度数据。这样就可以利用道路的($x$，$y$，$z$)三维坐标辨识出道路潜在的内涝地点。

### 2. 风险模拟与分析

运用情景分析法对道路潜在内涝风险潜在地点进行模拟，并在此基础上进行风险分析，主要包括致灾因子分析、暴露分析和脆弱性分析。

致灾因子分析是对道路范围内内涝灾害的基本属性进行分析，目的在于确定道路范围内某一强度暴雨发生的概率及其可能影响的范围。主要包括：①内涝灾害发生的概率和重现期；②内涝灾害影响范围和程度，即根据历史灾情数据和实地测量数据，利用GIS软件分析不同强度暴雨的影响范围和程度。

暴露分析：分析受不同强度暴雨影响范围内的各类承灾体(如人口、房屋、室内财产)数量或价值量，它是内涝灾害风险存在的必要情景。一般来说，承灾体的物理暴露取决于暴雨的危险性和社区内承灾体总量(数目或价值)，反映了在一定强度暴雨影响下可能遭受损失的承灾体的总量，其概念表达式为：$V_e = \mathrm{F}(H, N)$。式中，$V_e$为某一承灾体的物理暴露；$H$为内涝灾害的危险性；$N$为道路范围内承灾体e的总量。

脆弱性分析：对道路范围内受内涝影响的各类承灾体可能的毁坏程度进行评价，主要包括：①灾损敏感性评估，即在暴露评估基础上对各类承灾体受损失的容易程度进行评估，其核心是找出根据内涝灾害强度$h$计算各类承灾体破坏程度$D$的破坏模型$D = f(h)$，其中$f$完全由承灾体本身的特性决定。目前，自然灾害脆弱性研究中常用构建研究区各暴露要素灾损曲线的方法进行评估，即通过建立灾害强度与暴露要素(承灾体)受破坏和损失之间的关系曲线；②道路应灾能力评估，即对道路范围内所具备的应对洪涝灾害的基础设施、人力、财力等资源的评估。应灾能力是免受或减少洪涝灾害影响而可以利用的各种力量、软实力和资源的总和。一般来说，应灾能力包括基础设施和物质手段、机构、社会应对能力以及人的知识、技能及综合软实力。它与承灾体灾损敏感性的区别是：灾损敏感性是承灾体本身被动地遭受自然打击时所反映出的动力学特性,而与承灾体配套的应灾能力则反映了作为承灾体一部分及其他承灾体财产拥有者应对洪涝灾害的主观能动性。应灾能力评估就是对这些能力进行综合评价,从而确定可以用于减少灾害风险的措施和资源。

#### 3. 风险表达与评价

在上述基础上,计算道路不同情景下内涝灾害风险值,即概率损失分析,并制作道路内涝灾害风险图。其中,概率损失分析是分析不同强度暴雨对社区造成的可能损失,包括直接经济损失和间接经济损失。概率损失分析中,损失的量化是重要内容,道路内涝灾害风险的损失量化是综合致灾因子分析、暴露分析和脆弱性分析的结果。将内涝分析的结果通过表格、柱状图、饼状图、专题图的形式表示出来。

## 4.6　应用综合评价技术

### 4.6.1　指标体系建立

高分数据与典型物联网数据融合技术的应用已渗透到城市建设和管理的诸多领域,目前典型的应用领域为城市建筑物、城市水体、城市道路的监测等。本书围绕典型应用领域对高分数据与物联网数据融合技术的应用进行综合评价,提取评价因子,建立评价指标体系,为未来面向更多领域的应用提供参考和基础。评价体系包含三大指标,即数据应用的服务能力、服务成本和服务效益等。第一大指标代表高分数据与典型物联网数据融合技术对城市精细化管理开展的应用服务活动以及形成的服务能力;第二大指标代表社会对融合数据应用的投入;最后一项指标则代表由于高分数据与典型物联网数据的融合应用而产生的社会效益和经济效益。



### 4.6.2　指标评价

#### 1. 服务能力

##### (1) 数据信息量

利用高分辨率遥感影像可以在获得丰富的地物光谱信息的同时获取更多的地物结构、形状和纹理等细节信息,使在较小的空间尺度上观察地表的细节变化成为可能,因此具有丰富的信息量。物联网的关键技术之一无线传感器网络技术,可以在地面局部区域布设高密度的环境传感器,所以能够获取翔实的地面环境信息。高分数据与物联网数据相结合提高了信息量的丰富度和准确度。

##### (2) 数据覆盖范围

高分数据侧重于大范围、大尺度地获取地面以及一定深度的信息,覆盖范围广,物联网数据是基于点的监测数据,通过在监测区域内密集布点可以达到任意范围内的信息覆盖。

**(3) 数据获取频度**

高分数据与物联网数据都具有数据获取的实时性和动态性，获得资料的速度快，周期短，可重复获取观测信息。高分数据获取具有周期性，重访周期随遥感平台的不同而异，物联网数据能够自行设置数据的获取频率。

**(4) 数据精度**

高分数据具有高光谱分辨率和高空间分辨率特性，对地面物体的辨别能力强，能更直观的体现现实地表情况，利用光谱空间特征来区分和判定地物类别的精度大大提高。物联网数据通过无线传输设备获取，数据精度高，通过与高分数据融合，能够辅助和验证高分数据的处理，使信息监测的精度提高。

### 2. 服务成本

**(1) 劳动力成本**

高分数据和物联网数据通过传感器获取，数据的处理、分析、应用等环节通过互联网、计算机等高效方式实现，人工参与环节少，大大减少了劳动力的使用，节约了劳动力成本。

**(2) 费用成本**

和人工方式相比，遥感技术与物联网技术是相当廉价的。高分与物联网技术的数据获取容易、时间短，可重复利用，同时投入的人工成本低，数据的高服务能力和使用效率降低了后续成本的持续投入，总体上节约了投入费用。

**(3) 时间成本**

高分数据和物联网数据获取方便、快捷，处理效率高，极大地降低了时间成本。

### 3. 服务效益

**(1) 创新应用**

随着高分数据应用和物联网技术的发展，许多新技术应运而生，新的研究领域和应用领域也不断涌现。使用传统方法无法开展的工作得以实施，各个领域的研究得以深入，高分数据和物联网数据的融合正在改变着城市管理模式，使传统城市粗放化管理转变为城市精细化管理成为可能。

**(2) 决策支持**

各级政府相关部门可以利用高分数据和物联网数据的应用结果为城市建设和管理中的方案制定、体系建设等进行决策支持。

# 第5章

# 高分遥感数据预处理

资源三号(ZY-3)卫星是中国第一颗自主的民用高分辨率立体测绘卫星。本章及后面的章节都以资源三号卫星数据为例讲解高分遥感数据的处理方法。

## 5.1 资源三号卫星三线阵影像成像原理

### 5.1.1 三线阵相机成像原理

线阵相机为行中心投影,以垂直于航线方向为中心投影,沿航线方向不满足中心投影,行中心投影主要有光机扫描系统和线阵扫描系统两种。光机扫描系统的原理是利用传感器平台的前进和扫描镜在一定角度范围内旋转,对与平台前进方向相垂直方向的地面区域进行扫描,获得二维影像数据。光机扫描系统由5部分构成,分别为由旋转扫描镜构成的扫描系统、包含反射镜组的聚焦系统、棱镜和光栅组成的分光系统、包含光电转换系统和放大器的检测系统以及磁带记录仪等相应的记录系统等。图5-1为5通道光机扫描仪的成像过程。传感器为光电扫描系统的卫星传感器主要有美国NASA的陆地卫星(Landsat)系列搭载的专题制图仪(TM)和改进的专题制图仪(ETM)、美国气象卫星(NOAA)改进型甚高分辨率辐射仪(AVHRR)、我国风云1号气象卫星(FY-1)系列—AVHRR等都为光机扫描系统的传感器等。

线性阵列由许多CCD电荷耦合器件组成,以推进扫描的方式成像,简称推扫式成像,用广角光学系统在整个视场角内成像,所记录的二维影像数据是与飞行方向相同的条幅,线阵推扫系统成像原理如图5-2所示。线阵推扫式扫描系统与光机扫描系统有相似之处,即线阵推扫式扫描系统同样利用传感器平台向前运动,借助于与行进方向垂直的“扫描”线记录地面辐射等信息而形成影像信息。但是,在每行数据的记录方式上,线阵推扫式扫描系统与光机扫描系统有着明显的差异,光机扫描系统是利用旋转扫描镜对相应的地面区域进行真扫描,而线阵推扫系统不用扫描镜而是把探测器按与航线方向垂直的方向(即扫描采样方向)阵列式排列来采集地面辐射能量,并非机械的真扫描。具体地说,就是通过探测器广角系统采集地面能量,并将其反射到反射镜组,再通过聚焦投射到焦平面的线性CCD阵列的探测元件上,这些CCD感应元件同时感测地面能量、同时采光、同时成像,可同时得到整行数据。图像

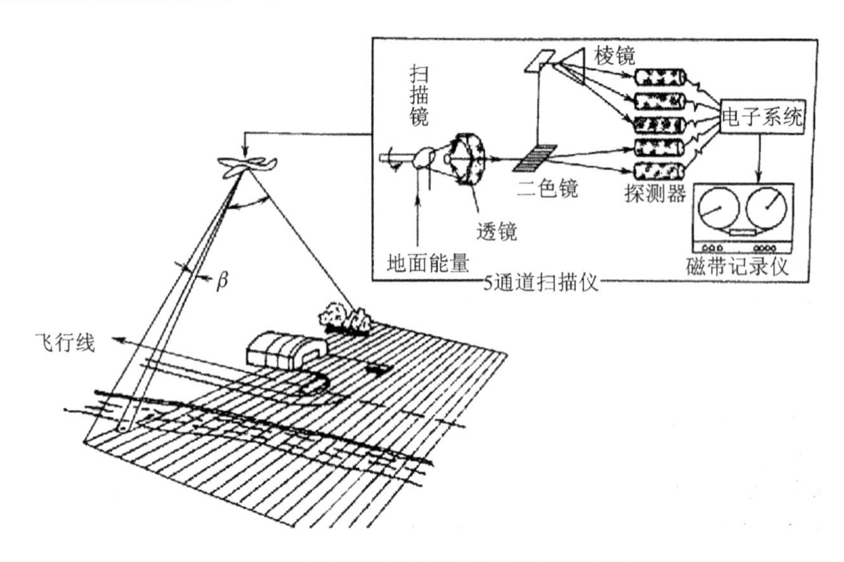


图 5-1　光机扫描仪的成像原理与工作过程

上每行数据是由沿线性阵列的每个探测器元件采样得到的，一般阵列位于遥感器的焦平面上，以确保所有阵列同时观测所有的“扫描”线。

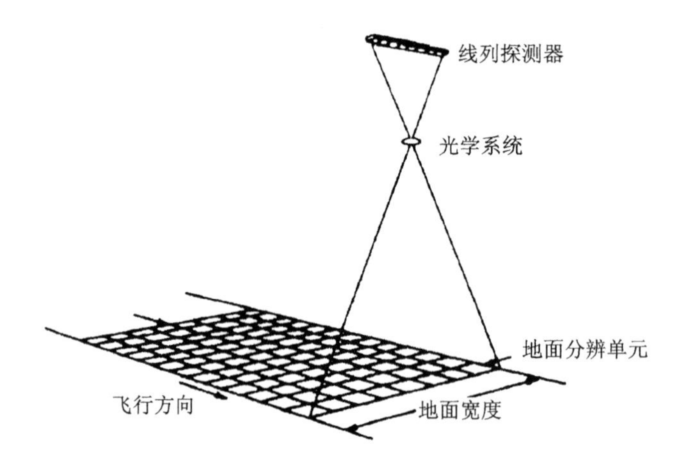


图 5-2　推扫式扫描仪成像原理

线阵推扫式扫描系统相对于镜扫描的光机真扫描系统有很多优点：

(1) 线性阵列 CCD 系统可以使每个 CCD 探测元件感应地面分辨率单元的时间更长，能够记录更强的辐射信号和感应更大的动态范围，可以增加相对信噪比，从而提高空间及辐射分辨率。

(2) 线阵排列的探测 CCD 元件间存在着固定的关系，得到相应影像的每行数据也有相同的固定关系，消除了由光机扫描系统扫描镜速度变化而引入的几何误差，因此线性阵列系统具有更好的几何完整性和稳定性，几何精度也相对更高。

(3) 构成线阵推扫式扫描系统的 CCD 元件是微电子固态装置，体积比较小、重量比较轻、耗能也比较低。

(4) 由于没有机械运动部件，线性阵列扫描系统稳定性更高，结构可靠性更高，使用寿命也更长。

线性推扫系统的传感器主要有法国 SPOT 地球观测卫星系列、中巴资源卫星系列及资源三号测绘卫星系列等。

三线阵 CCD 摄影机的原理来自于 20 世纪 60 年代的三缝隙连续胶片摄影机，三线阵摄影机主要有两种形式，即单镜头三线阵摄影机和三镜头三线阵摄影机[14]。三线阵 CCD 摄影机的 3 个线阵垂直于飞行方向，如图 5－3 所示。飞行期间这些线阵前视、正视和后视依据推扫原理，以同步扫描周期对地面进行扫描，如图 5－3 和图 5－4 所示，得到同一地面不同透视中心的三个重叠航线影像。三线阵立体相机几乎可以在同一时间获取同一地区、不同角度的三条相互重叠影像带，避免摄影死角以及影像色调的变化，并且成像方式在轨立体成像，根据影像可以重构相应的定向元素。

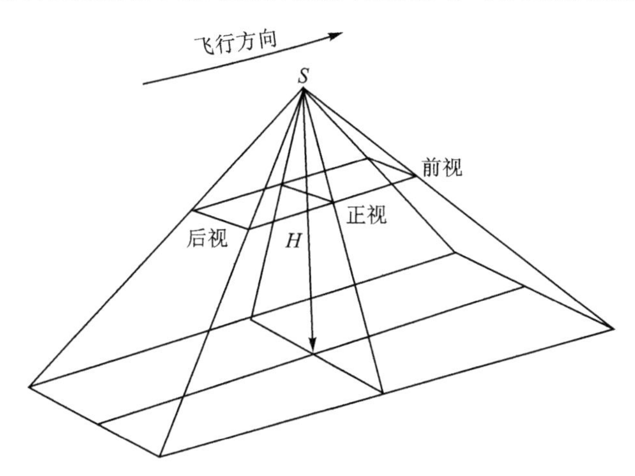


**图 5－3　三线阵 CCD 相机摄影原理**

投射线相互平行的投影称为平行投影，而投射线交于一点的投影称为中心投影。框幅式摄影机得到的影像满足中心投影原理，中心投影的投影线会聚于一点，即摄影中心，如图 5－5 所示，中心投影的构像过程也称为透视变换。中心投影中，地面点，与之相对应的像点以及摄影中心在一条直线上，这就是摄影测量学中的一个核心概念，称为共线方程，为单张影像测图、利用数字高程模型(DEM)生成数字正射影像图(DOM)、光束法平差等的基本依据。

框幅式影像满足中心投影，线阵影像在沿飞行方向上满足中心投影，而在垂直于飞行方向上不满足中心投影，整体上既不满足中心投影构像，也不满足正射投影构像，因此后方交会、前方交会、相对定向、绝对定向等传统适用于框幅式摄影的空中三角测量理论[21]也不再适合于线阵影像，线阵影像多采用有理函数模型生成后续产品

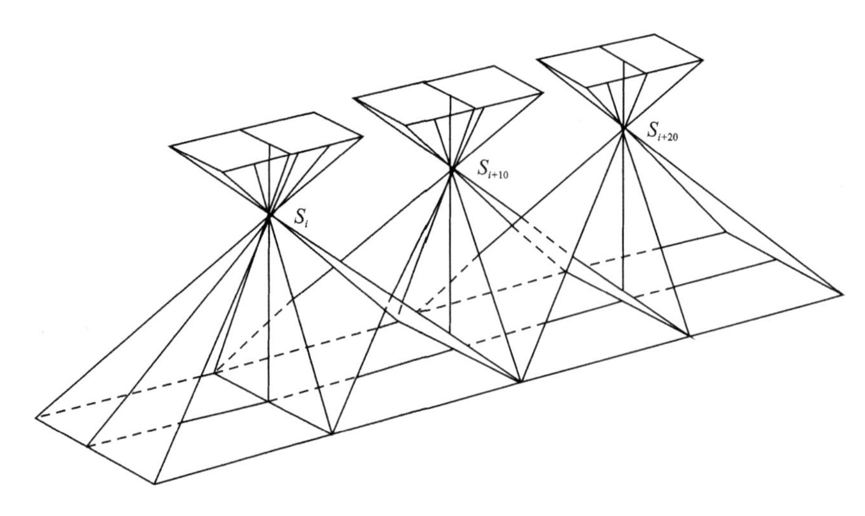


**图 5-4　三线阵相机推扫摄影**

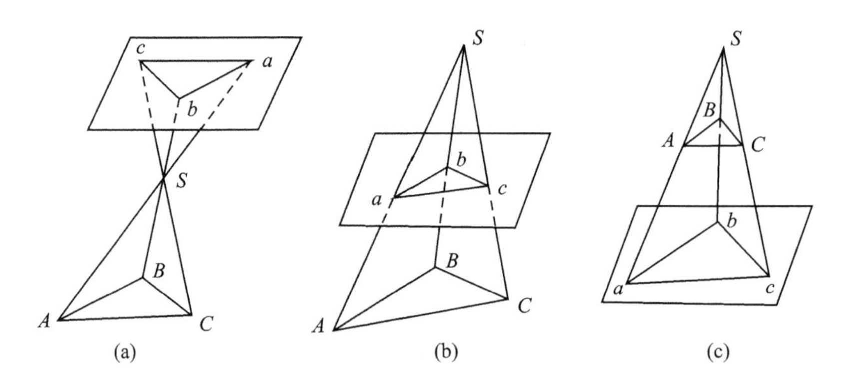


**图 5-5　中心投影的 3 种方式**



如 DEM、DOM 等，有理函数模型在本书生成正射影像部分有简述。三线阵就是同时有三个垂直于飞行方向的线阵 CCD 沿飞行方向上推扫成像，分别为前视、正视和后视，一般情况下，前视 CCD 和后视 CCD 与正视 CCD 夹角是相同的。

## 5.1.2　资源三号卫星概况及三线阵影像特点

资源三号卫星由中国航天科技集团公司研制，是中国第一颗自主的民用高分辨率立体测绘，于 2012 年 1 月 9 日 11 时 17 分在太原卫星发射中心发射，卫星可对地球南北纬 84 度以内地区实现无缝影像覆盖，回归周期为 59 天，重访周期为 5 天，卫星的工作寿命设计为 5 年。卫星配置四台相机分别为全色波段的三线阵相机和多光谱相机，三线阵前后视相机地面分辨率优于 3.5 m，正视相机地面分辨率优于 2.1 m，多光谱相机的地面分辨率优于 5.8 m。

资源三号卫星主要用于测绘行业的立体测图和资源环境遥感等领域，主要有充分利用三线阵立体影像以及多光谱影像制作各种测绘类产品，如1：5万地形图、DEM、DOM、DLG等；修测和更新1：2.5万及更大比例尺的地形图；制作不同级别的遥感影像产品；对国土资源进行详查，在城市变化监测、卫星导航定位、环境监测、减灾防灾、地质、矿产、林业、水利、农业、海洋、气象、通信、电力等领域的应用也颇为广泛。

资源三号卫星上搭载的三线阵相机和一台多光谱相机都为光学相机。三线阵相机的光谱波段范围是0.5～0.8 μm，正视影像像元尺寸为24 576(8 192×3)×7 μm，前后视影像像元尺寸为16 384(4 096×4)×10 μm。多光谱相机的光谱范围包含红、绿、蓝和红外4个谱段。资源三号卫星三线阵相机外观图[23]如图5－6所示。

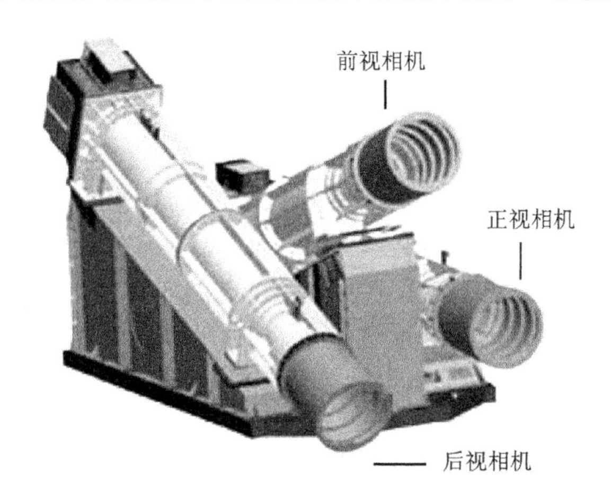


**图5－6　ZY－3三线阵相机外观图**

三线阵立体相机作为资源三号卫星的有效传感器之一，与单线阵和双线阵传感器相对具有更加优越的特性，其理想的基线高度比以及三线阵影像立体成像能力是其他传感器所不能相比的。

资源三号为星载平台，ZY－3三线阵相机为三线阵CCD相机，其影像同时具有CCD电子影像的特点和三线阵影像的特点，还具有星载平台的优点，ZY－3三线阵相机可以同时获得同一地区不同角度的多幅高分辨率数字影像，为影像匹配提供了大量冗余信息，并且提高了纹理贫乏区域的信息；大范围高空成像，从一个宏观的角度观察地球，可以发现大特征和变化趋势等。

卫星图像数据的几何质量主要从如下两个方面来考察：1)外部几何定位精度，2)内部几何畸变[25]。其中，外部几何定位精度是指图像几何定位坐标与真实坐标之间的差值，几何定位坐标是经过定向得到的坐标，对于已有控制点的情况下，需要先进行后方交会求得定向参数，再进行前方交会计算得到几何定位坐标；无地面控制点情况下，一般利用有理函数模型计算几何定位坐标，有理函数系数由相关影像文件提供，与卫星影像获取时的星历数据、姿态数据的精度、载荷成像时刻平台稳定性等参数有关。内部几何畸变反映图像的几何变形，通常包括图像内部的长度角度变形，是指图像内的若干固定点相对位置的距离与参考图像上同名点间相对距离的对比。

本书采用的资源三号卫星三线阵为线阵推扫式成像，平台高度较高，影像变形不大，推扫幅宽较大，截取的前后视影像大小都为 16 384×16 306 像元，正视影像为 24 576×24 516 像元，图像为全色波段成像，分辨率较高，但是影像对比度比较低，若不经过增强处理，可得到的信息非常少。

## 5.2　资源三号卫星三线阵影像预处理

受传感器平台不稳定、传感器系统本身因素等的影响，在影像采集的整个过程中，不可避免地会存在各种误差甚至错误，从而造成图像上存在各种失真，相应的影像质量也就降低了。因此在对遥感影像进行处理分析之前，有必要对原始图像进行对比度增强、降噪等预处理。资源三号卫星为星载平台，三线阵相机也固然存在着各种辐射、几何等方面失真，资源三号三线阵原始影像也需要进行预处理之后才能进行遥感图像融合、分类以及测图等应用。

图像预处理的目的是对传感器获取的原始影像进行辐射和几何上的纠正，去除影像的噪声，提高信噪比，使影像记得的信息在最大程度上和实际相符。本章主要介绍图像的辐射纠正、几何纠正和图像增强等预处理过程和方法。

### 5.2.1　辐射纠正

资源三号卫星三线阵相机观测记录地面辐射或反射的电磁能量时，影像记录的观测值和地面地物真实的光谱反射率或光谱辐射亮度值等物理量并不一致。辐射校正就是消除影像数据亮度值中的各种误差，目的是为正确记录和评价地面地物的反射特征、辐射特征、空间位置特征及属性特征等。



完整的辐射校正包括传感器校准、大气校正，以及地形校正等辐射纠正的流程，如图 5-7[20]所示。对资源三号三线阵相机进行辐射校正是将资源三号三线阵影像记录的测量值变换为绝对亮度值(绝对定标)或变换为与地表反射率、表面温度等物理量有关的相对值(相对定标)的处理过程。或者说，传感器校准就是建立资源三号三线阵 CCD 相机每个探测输出值与该三线阵 CCD 相机对应的实际地物辐射亮度之间的定量关系，这一过程除了由三线阵 CCD 相机的灵敏度特性引起的偏差外，还包括路程的大气以传感器测量系统混入的各种失真。

常用的辐射纠正方法有使用前的实验室定标和使用过程中的飞行定标等。实验室定标是指传感器发射前在实验室进行的光谱辐射定标，将传感器的输出值换算为辐射值，有的在仪器内设有内定标系统。在传感器投入使用过程中可以进行飞行定标，包括星上定标和地面定标。星上定标是实时、连续的定标，但是不能确切知道大气层外的太阳辐射特性，及星上定标系统不够稳定等因素影响星上辐射定标的精度。

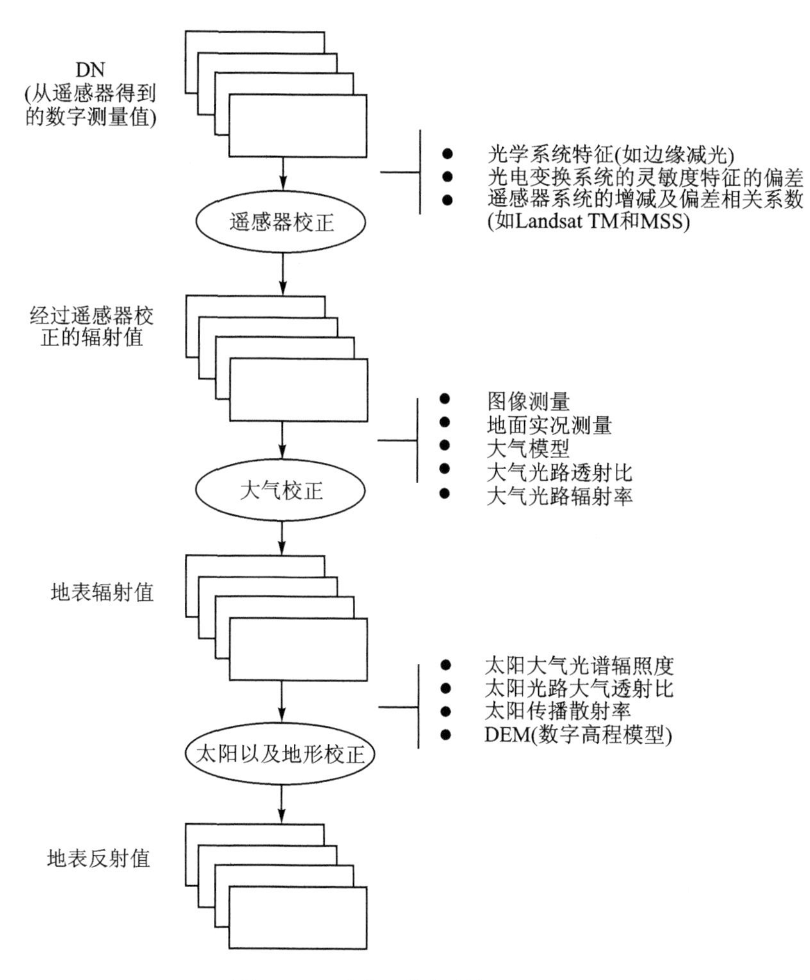


**图5-7 遥感图像辐射校正流程图**

地面定标通过设立地面辐射定标场，建立空一地遥感数据之间的数学关系。具体的辐射纠正的方法和过程在这里不再赘述，可参见参考文献20。

大气校正，也称为大气纠正，是指消除大气对遥感信号影响的处理，对于大角度扫描遥感数据非常重要。遥感所利用的各种辐射能均要与地球大气发生相互作用，或散射或吸收，而使能量衰减，并使光谱分布发生变化。大气的衰减作用对不同波长的光是有选择性的，因而大气的作用对于不同的波段也是不同的。另外，太阳—目标—遥感器之间的位置关系不同，则辐射或反射的能量穿越的大气路径也不相同，影像上记录的相应地区地物的亮度值受大气的影响情况不同，即使相同地物的像元灰度值在获取时间不同时受大气影响情况也不同，这对于大扫描角度遥感数据尤为明显。资源三号三线阵影像为全色波段影像，正好位于大气窗口内，但并不代表大气对该影像没有影响，因此辐射纠正时很必要。

目前国内外已提出了不少大气校正模型与方法，主要有基于图像特征的纠正模型，地面线性回归经验模型（又称为地面同步法）、大气辐射传输理论模型等。大气辐射传输模型能较合理地描述大气散射、大气吸收及大气发射等过程，因而应用较广且为近来的研究热点。大气辐射传输方程是描述电磁波在大气散射、吸收、发射等过程中传输的基本方程，通常可以从大气辐射传输方程反演出被探测参数的数值或沿路径的分布。电磁辐射能量在大气辐射传输过程中产生的正负变化可以分别表示如下。

A. 大气的衰减效应主要包括大气的吸收作用和散射作用，使影像记录的能量有所减少，如下式所示：

$$\mathrm{d}I = -\rho \cdot k \cdot I \cdot \mathrm{d}s \tag{5-1}$$

其中，$\mathrm{d}I$ 为辐射亮度变化值；$I$ 为入射辐射亮度；$\rho$ 为吸收和散射物密度；$k$ 为衰减系数，称为消光系数，包括吸收系数与散射系数之和；$\mathrm{d}s$ 为能量传播路径的长度，简称光路长。

B. 大气的热辐射作用使影像记录的能量有所增加，如下式所示：

$$\mathrm{d}I = +\rho \cdot j \cdot \mathrm{d}s = +\rho^2 \cdot \mathrm{B}(T) \cdot \mathrm{d}s \tag{5-2}$$

其中，B 为普朗克常量；$\rho$ 为吸收物质密度；$T$ 为大气的热力学温度（K）；$j$ 为发射系数，$j \cdot \mathrm{d}s = \rho \cdot \mathrm{B}(T)$。

C. 大气程辐射效应，即天空散射作用，使非目标能量被传感器接收，使记录能量增加，如下式所示：

$$\mathrm{d}I = +\omega_0 \frac{k}{4\pi}\rho^2 \cdot \mathrm{d}s \int_0^{4\pi} P(\Omega, \Omega') I(\Omega') \mathrm{d}\Omega' \tag{5-3}$$

其中，$\omega_0$ 为单次散射反照率；$\rho$ 为散射物质的密度；$P$ 为散射相位函数（描述散射场角分布散射相函数）；$\Omega$ 为入射方向立体角；$\Omega'$ 为散射方向立体角；$k$ 为消光系数。

实际上，大气程辐射效应包括了大气对太阳的单次（后向）散射及目标相互作用的多次散射。对于可见光与近红外波段，大气程辐射项主要来源于大气对太阳辐射的多次散射；对于热红外波段，多次散射可以忽略不计；对于中红外波段，既需要考虑地表与大气自身的发射，同时还需要考虑大气的多次散射作用，更为复杂。大气程辐射是波长 $\lambda$、大气路径 $x$，光学厚度 kx，入射和观测角度、大气状况（散射体大小）的函数。

归纳以上三式得：

$$\frac{\mathrm{d}I}{\mathrm{d}s} = \rho^2 \mathrm{B}(T) + \omega_0 \frac{k}{4\pi}\rho^2 \int_0^{4\pi} P(\Omega, \Omega') I(\Omega') \mathrm{d}\Omega' - \rho \cdot k \cdot I \tag{5-4}$$

若大气的消光、发射作用可以计算，就可以求出垂直地面的亮度；反言之，如果地面状态已知，就可以计算相应的大气状态。但是，需要对一系列的大气环境参数进行测量，包括大气的光学厚度、温度、气压、湿度、分布状况等，且输入的大气参数的准确性直接决定校正模式的准确性。

为了获得每个像元真实的光谱反射，经过遥感器和大气校正后，还需要收集更多的信息对影像进行太阳位置和地形不一致的纠正，这些信息一般包括大气透射辐射信息、拍摄时的瞬时入射角等。一般情况下，对大气引起的辐射失真进行纠正时都假设地球表面为一个朗伯体反射面，对能量的反射是在所有方向均匀的反射，但是在现实中的绝大多数物体的反射并非各向同性，因此需要更复杂的反射模型。

## 5.2.2　几何纠正

原始遥感影像通常包含严重的几何变形，几何畸变主要由航高和航速变化、传感器俯仰及翻滚、偏航等影响产生的变形情况，如图 5－8 所示。有的是由卫星的姿态、轨道以及地球的运动和形状等外部因素引起的，有的是由传感器本身的结构性能和检测器采样延迟、探测器的配置、波段间的配准失调等内部因素引起的，也有的是由纠正各种误差而进行的一系列换算和模拟而产生的处理误差。这些误差有的是系统误差，有的随机的；有的是连续的，有的是非连续的，十分复杂。引起遥感影像几何变形的因素是多样的，但是总体上来说只有系统性因素和偶然性因素两种。系统性因素引起的变形有规律可遵循，偶然性因素引起的变形是随机的，没有任何的规律性。几何纠正就是要消除影像上的各种几何变形，换句话说就是几何纠正后的图像严格满足某种条件的投影模型，正射纠正也是一种几何纠正的过程。

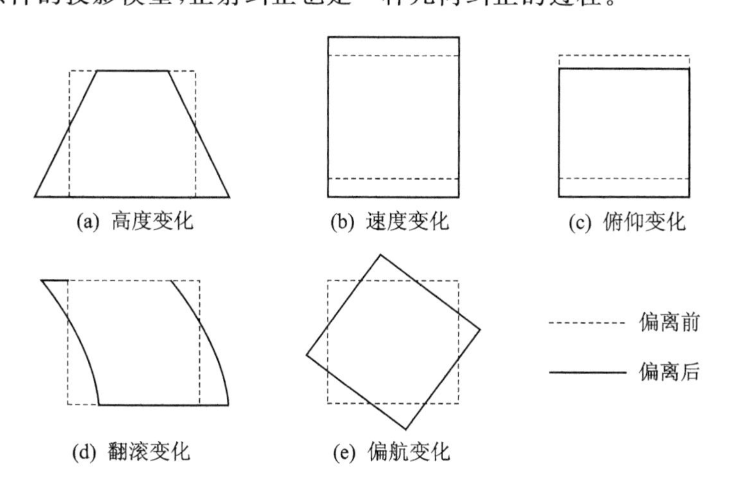


**图 5－8　传感器几种常见的几何畸变**

介绍几个关于几何纠正的基本术语：

（1）图像配准（Registration）：用相同区域的标准影像对不标准的影像进行校准，校准后使两幅影像同名像元相配准。

（2）图像纠正（Rectification）：是借助地面控制点，对待纠正的影像进行地理坐标的纠正。

(3) 图像地理编码(Geo-coding):是一种特殊的图像纠正方式,把图像纠正到一种统一标准的坐标系统下,以使地理信息数据库中不同来源的影像和地图等数据能直接进行不同层之间的各种分析和统计运算。

(4) 图像正射投影校正(Ortho-rectification):借助于DEM(数字高程模型),对影像每个像元进行地形变形的校正,使影像满足正射投影的要求,地图一般都是正射投影。

对影像进行几何纠正,需要根据实际情况来确定适宜的方法。一般卫星地面站的粗加工数据产品仅对辐射误差、几何系统误差进行校正和部分校正,即主要通过卫星跟踪系统提供的卫星参数(姿态和轨道),根据卫星轨道公式进行图幅定位及多种畸变的校正。经过粗加工的数据尚不足以精确地确定每个像元的地理位置,其定位精度不够,为了提高定位精度,还需要进行几何精校正处理,即借助一组地面控制点(一般在地形图上选取)和多项式纠正模型,来进行地面实况的几何纠正,具体步骤包括地面控制点的选取、像元坐标转换、像元亮度值的重采样三方面,详细步骤在此不再赘述,几何纠正前后图如图5-9所示。

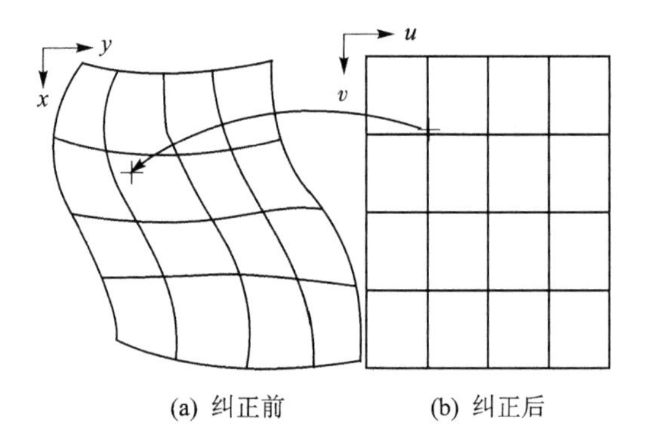


图5-9 几何纠正前后对比



本书使用的资源三号卫星三线阵影像已经过了辐射纠正和初步的几何校正,故本书未做关于辐射纠正和粗略几何校正的相关实验工作,在此仅对两种纠正相关理论加以说明。本书最后进行正射纠正生成正射影像图,从理论上讲应该算是几何精校正的一种。

## 5.2.3 影像增强

当影像的对比度比较低,或者需要的专题信息不明显不便于识别分析时,在处理和应用之前就需要进行影像增强。图像增强的目的是增强图像视效果和突出有用的信息,有利于分析判读或做进一步的处理。

### 1. 对比度增强

一般情况下,一幅包含大量像元的图像,其像元亮度值应符合统计分布规律,即像元亮度值应符合随机分布时，其直方图应该是正态分布的。而现实工作中图像的直方图并不如想象中满足正态分布，要么偏暗、要么偏亮，或者亮度值过于集中，如图5-10所示，造成图像效果不好或者需要的信息不突出。对比度增强是对待处理影像的亮度值直方图进行调整，使图像亮度值充满整个亮度显示范围或者指定的显示区域，从而提高图像的对比度，或者增强感兴趣区域的对比度效果，使对图像的后续处理及分析分类工作更加容易。

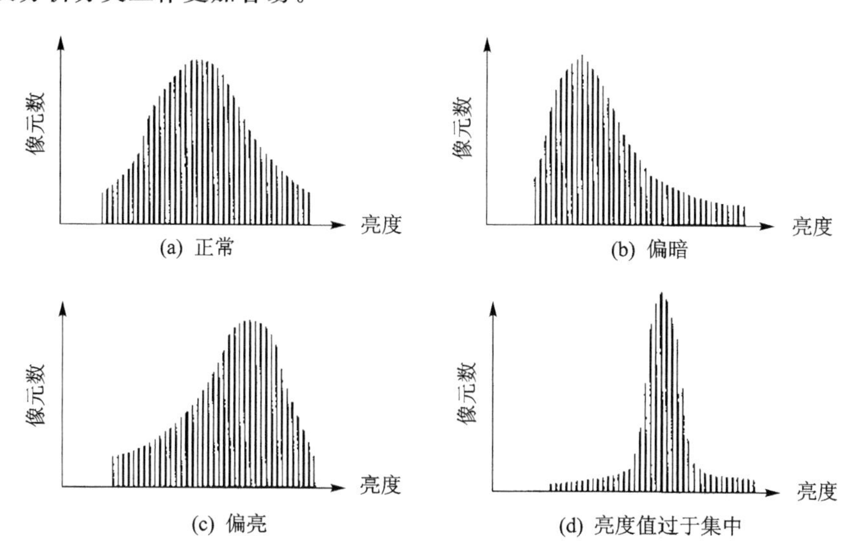


**图5-10　图像直方图几种情况**

对比度增强方法主要有灰度阈值、灰度级分割、线性拉伸及非线性拉伸等[20]。灰度阈值是指定亮度值阈值，大于阈值的亮度值都赋为255，低于阈值的亮度值都赋值为0。灰度阈值方法可以分开亮度值差异比较大的地物，例如陆地和水体，之后再对陆地或水体分别做进一步的处理，提取感兴趣的信息。灰度级分割是将影像亮度值划分为一段一段的间隔，将每一个间隔范围内的所有亮度值显示为一个值，该方法在显示热红外影像不同温度范围时应用非常广泛。线性拉伸是使影像的亮度值均匀的充满整个显示范围，即变换函数为线性函数，相应的公式如下：

$$DN' = \frac{DN - Min}{Max - Min} \times 255 \tag{5-5}$$

式中，DN′和DN分别为变换前后的亮度值，Max和Min分别为原图像亮度值的最大值和最小值。还可以根据实际情况和研究区域进行分段线性拉伸取得更好的效果。非线性拉伸的变换函数为非线性函数，应用较为广泛的几种非线性拉伸方法有直方图均衡化、指数变换、对数变换等。直方图均衡化就是根据图像亮度值出现的频率分配图像的显示范围，出现频率高的亮度值的显示范围较大，出现频率低的亮度值的显示范围较小，因此直方图均衡化可以增强亮度值几种部分的对比度，减弱亮度值很高或很低部分的对比度。指数变换和对数变换就是利用原图像亮度值的指数和对数作为变化后图像的亮度值，这类算法可以增强图像很亮或很暗部分的图像细节。

### 2. 空间滤波

对比度增强是通过单个像元原始亮度值计算其新的亮度值从而改善图像整体上或者局部的视觉效果，而空间滤波则是通过像元邻域内像元的亮度值，按照某种算法计算中心像元的亮度值，从而达到影像增强的作用和效果。空间滤波主要是为了突出影像某些方面的特征，如突出地物的边缘特征等，主要包括平滑和锐化。平滑处理是图像趋于模糊，可以使图像亮度平缓或去掉不必要的噪声，主要有均值滤波、中值滤波，高斯滤波等算法，锐化可以突出图像的线特征信息，主要方法有罗伯特（Robert）梯度、索伯尔（Sobel）梯度、高斯拉普拉斯（LoG）算法、Wallis 滤波等。

### 3. 彩色变换

亮度值的变化可以改善图像的质量，就图像的视觉效果而言，彩色图像的表现力远超于灰度图像。人的眼睛一般只能分辨 20 级左右的灰度级，却可以区分 100 多种颜色。因此，将原始的灰度图像转换为彩色图像可大大增强图像的视觉效果及其信息的显示能力。彩色变化的方法主要有多波段彩色变换和 HIS（色度、亮度、饱和度）变换。

多波段彩色变换就是选择相同区域 3 个波段的多光谱影像，分别为多光谱赋予红、绿、蓝 3 种原色，进行彩色合成可得到彩色影像。波段被赋予的颜色与原来多光谱波段所代表的颜色不一定相同，因此彩色影像对应地物的颜色可能与其真实颜色不相符，合成后与实际地物颜色相同的为真彩色合成，而与实际地物不相同的称为假彩色合成。将图像由黑白合成为彩色可以改善图像的视觉效果，增强图像信息的可读性和可利用性。



HIS 变换是将彩色图像从 RGB（红绿蓝）空间变换到 HIS 空间，具体的转换方法可参见参考文献[19][27]，然后对变换后的图像亮度通道即 I 进行增强，之后再进行 HIS 到 RGB 的反变换得到增强后的 RGB 图像，此方法为彩色图像的一种增强方法。

# 第 6 章

# 资源三号卫星三线阵影像特征提取与匹配

在无控制点和数字高程模型条件下生成数字正射影像图，根据资源三号三线阵影像提供的 RPC 参数，计算得到三维坐标，之后再用间接法生成数字正射影像图。要求出图像的三维坐标，需利用资源三号三线阵的前后视影像构成立体像对，进行特征提取，然后进行影像特征匹配，得到立体像对的同名点对，建立初始视差图，进行全局匹配，得到重叠区域前后视影像所有像元的对应关系，根据三线阵前后视影像 RPC 参数进行间接平差，迭代求解研究区域每一像元的三维坐标。

## 6.1 资源三号卫星三线阵前后视影像特征提取

### 6.1.1 常用的几种点特征提取算法

特征点是指能标识某种特征的、比较明显的点，例如多边形地物的角点、圆形地物或区域的中心点等。描述点特征的信号称为兴趣算子或有利算子，即运用某种算法从影像中提取所感兴趣的，即有利于某种目的的点。点特征提取算法各式各样，比较常用的主要有 Moravec 算子、Harris 算子、Forstner 算子、Susan 算子等。

#### 1. Moravec 算子

Moravec 算子是学者 Moravec 提出的基于影像灰度值提取特征点的算法，该算法原理简单，容易理解，计算量小。Moravec 特征点提取过程如下：

(1) 计算各像元的兴趣值 IV(Interest Value)，在以像元$(c,r)$为中心 $w \times w$ 的影像窗口中，计算如图 6 - 1[22]所示 4 个方向相邻像元灰度值之差的平方和；

$$\begin{cases} V_1 = \sum_{i=-k}^{k-1} (g_{c+i,r} - g_{c+i+1,r})^2 \\ V_2 = \sum_{i=-k}^{k-1} (g_{c+i,r+i} - g_{c+i+1,r+i+1})^2 \\ V_3 = \sum_{i=-k}^{k-1} (g_{c,r+i} - g_{c,r+i+1})^2 \\ V_4 = \sum_{i=-k}^{k-1} (g_{c+i,r-i} - g_{c+i+1,r-i-1})^2 \end{cases} \tag{6-1}$$

其中 $k=\text{INT}(w/2)$。取上述 4 个值中最小的作为该像元 $(c,r)$ 的兴趣值，即

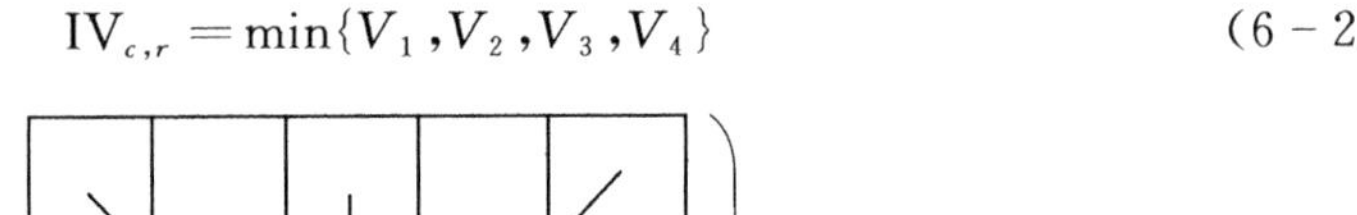

$$\text{IV}_{c,r} = \min\{V_1, V_2, V_3, V_4\} \tag{6-2}$$

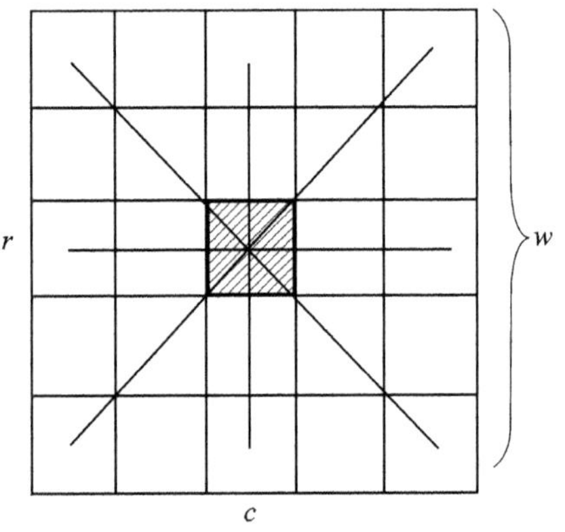


**图 6－1　Moravec 算子兴趣值**

(2) 依据经验选定阈值，将兴趣值大于该阈值的点作为特征候选点。阈值的选择应以留下候选点中真实且需要的特征点，又可以抑制过多的伪特征点为原则。

(3) 进行局部非极大值抑制。即在设定的窗口内，将兴趣值不是最大值的候选点全部删除，仅留下兴趣值最大的特征候选点作为提取的特征点，该窗口被称为抑制局部非最大窗口。

综上所述，Moravec 算子是在 4 个主要方向上选择具有最大—最小灰度方差的点作为特征点。

### 2. Forstner 算子

Forstner 算子的基本原理是计算像元的罗伯特梯度及其以像元 $(c,r)$ 为中心 $w \times w$ 影像窗口的亮度值协方差矩阵，在图像中寻找尽可能小的、并且误差椭圆接近圆的点，即为要提取的特征点。具体的计算步骤如下：

(1) 计算像元的罗伯特梯度，如图 6－2 所示。

$$\begin{cases} g_u = \dfrac{\partial g}{\partial u} = g_{i+1,j+1} - g_{i,j} \\ g_v = \dfrac{\partial g}{\partial v} = g_{i,j+1} - g_{i+1,j} \end{cases} \tag{6-3}$$

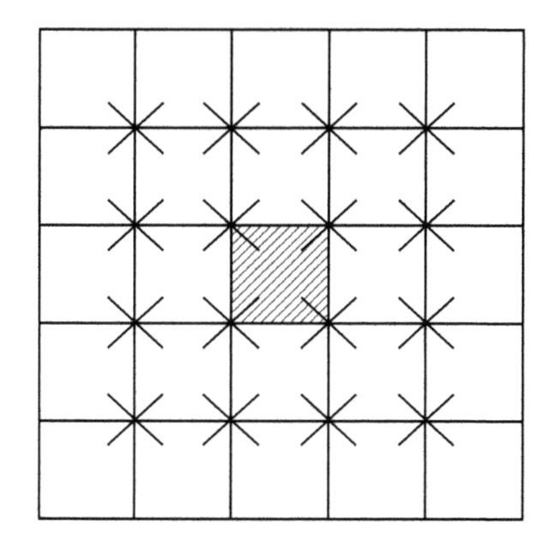

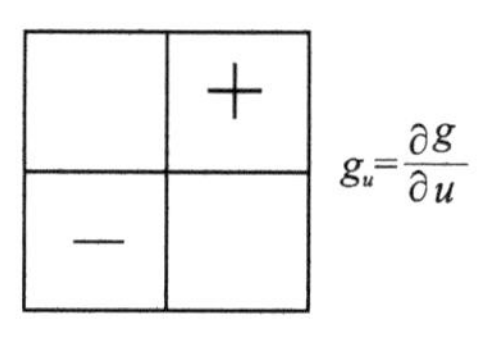


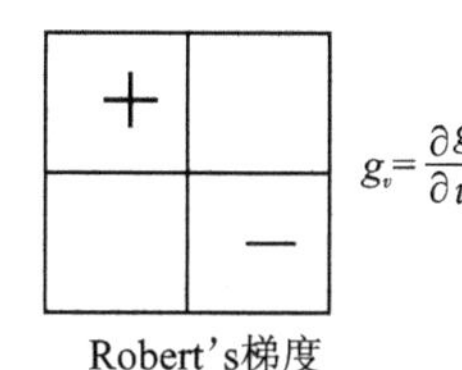


**图 6－2　Forstner 算子**

(2) 计算 $l \times l$ 窗口中影像亮度值的协方差矩阵。

$$\boldsymbol{Q} = \boldsymbol{N}^{-1} = \begin{bmatrix} \sum g_u^2 & \sum g_u g_v \\ \sum g_v g_u & \sum g_v^2 \end{bmatrix}^{-1} \tag{6-4}$$

其中

$$\sum g_u^2 = \sum_{i=c\_k}^{c+k-1} \sum_{j=r-k}^{r+k-1} (g_{i+1,j+1} - g_{i,j})^2$$

$$\sum g_v^2 = \sum_{i=c\_k}^{c+k-1} \sum_{j=r-k}^{r+k-1} (g_{i,j+1} - g_{i+1,j})^2$$

$$\sum g_u g_v = \sum_{i=c\_k}^{c+k-1} \sum_{j=r-k}^{r+k-1} (g_{i+1,j+1} - g_{i,j})(g_{i,j+1} - g_{i+1,j})$$

$$k = \mathrm{INT}(l/2)$$

(3) 计算兴趣值 $q$ 和 $w$。

$$q = \frac{4\det N}{(\mathrm{trace}\ \boldsymbol{N})^2} \tag{6-5}$$

$$w = \frac{1}{\mathrm{trace}\ \boldsymbol{Q}} = \frac{\det \boldsymbol{N}}{\mathrm{trace}\ \boldsymbol{N}} \tag{6-6}$$

其中 det $\boldsymbol{N}$ 为矩阵 $\boldsymbol{N}$ 的行列式，trace $\boldsymbol{N}$ 为矩阵 $\boldsymbol{N}$ 的迹。

(4) 确定特征候选点。

如果像元的 $q$ 和 $w$ 值大于预先设定的阈值，则把此像元记录为待选特征点。阈值根据经验选定，可以参考下列值：

$$T_q = 0.5 \sim 0.75$$

$$T_w = \begin{cases} f\bar{w} & (f = 0.5 \sim 1.5) \\ cw_c & (c = 5) \end{cases} \tag{6-7}$$

其中，$\bar{w}$ 为权的平均值，$w_c$ 为权的中值。

当 $q > T_q$ 同时 $w > T_w$ 时，该像元为特征候选点。

(5) 抑制局部非最大，确定最终特征点。

以权值 $w$ 为依据，选取极值点，即在一个适当的窗口内，即抑制局部非最大窗口，选择 $w$ 最大的像元为最终特征点，而去掉其他的点。

### 3. Susan 算子

Susan 算子就是建立一个圆形模板，统计落在模板内的图像面积，与规定的条件比较得到角点还是边缘点，如图 6-3 所示。步骤大致如下：

(1) 建立适当大小的圆形模板。

(2) 用建立好的模板在图像上遍历，统计落在模板内的图像面积。

(3) 设定适当的阈值，提取特征点。如果落入模板范围内的图像面积大于模板面积的一半，则该像元为内部像元点，如 a 和 b 像元；等于一半为边缘点，如 c 像元；小于一半则为外部点，如 d 和 e 像元；等于四分之一或者四分之三模板面积，则为角点，如 f 像元。

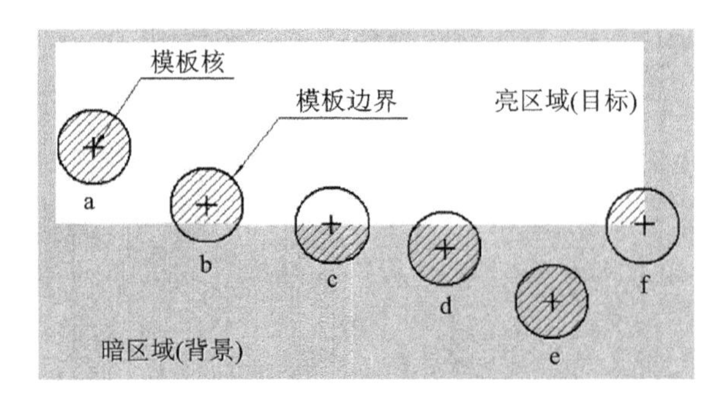


**图 6-3　Susan 算子检测原理**



## 6.1.2　Harris 特征提取算法

Harris 特征提取算法原理如图 6-4 所示：如果图像某一点灰度值在水平和竖直两个方向上都存在较大变化，如图中 1 号点，就认为此点为特征点；若灰度值只在某一个方向上存在显著变化，如图中 2 号点，则为边缘点；若是内部非特征区域，如 3 号点，则两个方向上灰度变化值都很小。

Harris 算法在图像中设计一个移动窗口，当窗口沿水平和竖直方向移动时，考察窗口内影像亮度值的变化，若像元处于内部区域，则沿任意方向图像的亮度值变化都很小；若像元位于边缘区域，则沿边缘方向亮度值变化较小，垂直边缘方向亮度值

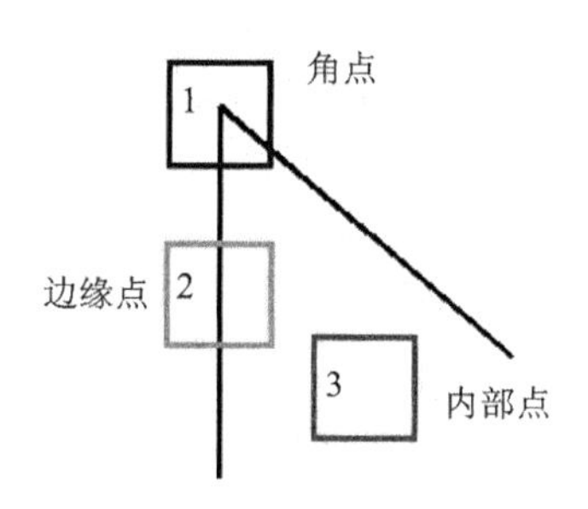


图 6－4　角点、边缘点与内部点

变化较大；若像素点为角点，则沿两个方向的亮度值变化均很大。基于这一思想获得 Harris 自相关矩阵 $\boldsymbol{M}$：

$$\boldsymbol{M}(x,y)=\begin{bmatrix}\sum_{w} I_x(x,y)^2 & \sum_{w} I_x(x,y)I_y(x,y)\\ \sum_{w} I_x(x,y)I_y(x,y) & \sum_{w} I_y(x,y)^2\end{bmatrix} \tag{6-8}$$

式中，$I_x$，$I_y$ 分别为影像上像元在水平方向和垂直方向上的梯度，$w$ 为模板。

像素点的位置与 $\boldsymbol{M}$ 的特征值 $\lambda_1$ 和 $\lambda_2$ 之间的关系如图 6－5[32] 所示，基于此并为了避免计算 $\lambda_1$ 和 $\lambda_2$ 的值，Harris 定义响应函数 $R=\det(\boldsymbol{M})-k\times \mathrm{trace}(\boldsymbol{M})^2$ 为检测图像的角点和边缘的兴趣函数，其中 $\det(\boldsymbol{M})$ 和 $\mathrm{trace}(\boldsymbol{M})$ 分别为 $\boldsymbol{M}$ 的行列式和迹，$k$ 一般取值为(0.04～0.06)[32]。给 $R$ 设定阈值 $t$，小于该阈值即为是特征点，再进行局部非极大抑制得到最后的特征点。

Harris 改进的角点量公式为：

$$\mathrm{cim}=\frac{I_{\mathrm{x}}^2\cdot I_{\mathrm{y}}^2-I_{\mathrm{xy}}I_{\mathrm{xy}}}{I_{\mathrm{x}}^2+I_{\mathrm{y}}^2} \tag{6-9}$$

式中，$I_x$ 和 $I_y$ 为图像水平和垂直方向上经过高斯滤波后的梯度值，即为式 6－7 中 $I_x$ 和 $I_y$ 用高斯滤波后的值，cim 的阈值一般设为 5 000 左右。

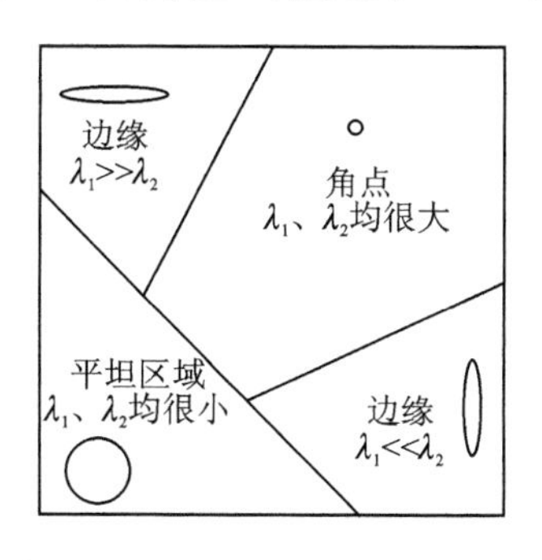


图 6－5　$\lambda_1$ 和 $\lambda_2$ 关系图

Harris 算法计算量适中且比较稳定，因此是最常用的特征点提取算法，但是当影像对比度较差或大部分都为平坦区域时，资源三号卫星三线阵影像的整体对比度就比较低，Harris 特征提取算法不能很好地提取特征点，不利于后续工作的进行，本书针对此特点对 Harris 算法进行了改进，将在 6.1.3 小节介绍。

### 6.1.3　基于高斯差分改进的 Harris 特征提取算法

资源三号三线阵影像整体对比度都比较小，特征不明显，这给特征提取等工作带来了困难；另外，特征提取算法都经过一次局部非极大抑制，当正好处于局部非极大抑制窗口边缘或者顶点附近时，同一特征附近出现多个特征点，如图 6-6 所示，影响后续定位工作精度。

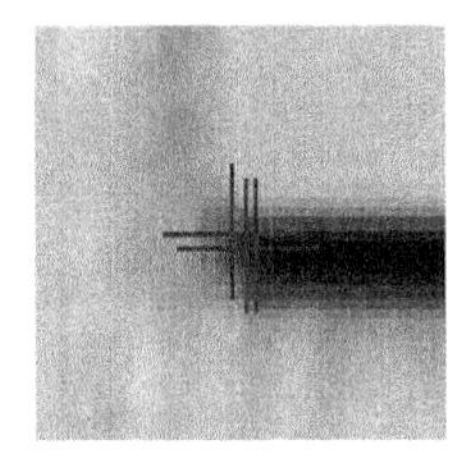

**图 6-6　同一特征多个点图**

本书考虑这两种情况，为了更好地提取特征点和提高后续的定位工作精度，针对 Harris 算法进行了一定的改进。

设图像 $F$，用高斯滤波函数对其进行滤波，即：

$$G = w \otimes F \tag{6-10}$$

原图像 $F$ 与 $G$ 差分运算得：

$$I = F - G = F - w \otimes F \tag{6-11}$$

式中，$w$ 为二维高斯离散函数离散化模板。二维高斯离散函数为：

$$f(x,y) = \exp\left(-\frac{x^2 + y^2}{2\sigma^2}\right) \tag{6-12}$$



用公式(6-9)计算差分图像 $I$ 每一像元的角点量，对图像水平垂直梯度进行滤波的参数 $\sigma$ 和对图像进行滤波差分的 $\sigma$ 值相同，之后进行局部非极大抑制。本书算法以局部非极大抑制后得到的特征初选点为中心的一定范围内，设为 $n \cdot n$，再进行非极大抑制：寻找在一个特征点周围是否存在和该点距离较近的特征点，如果存在这样的点，则留取其中一个角点量 cim 最大的点，如图 6-6 所示三幅图中一个特征附近出现多个特征点中的一个。

本书特征点提取流程如图 6-7 所示，实验步骤如下：

(1) 用二维高斯离散函数对原图像进行滤波差分得到差分图像；

(2) 计算差分图像像元水平和垂直两个方向的梯度值，用和生成差分图像相同的高斯函数对梯度值进行滤波；

(3) 用 Harris 改进的角点量公式(6-9)计算像元的角点量，进行局部非极大抑制得到特征初选点；

(4) 以特征初选点为中心进行第二次局部非极大抑制，留取初选点集中位置角点量最大即特征最明显的一个点作为最后的特征点。

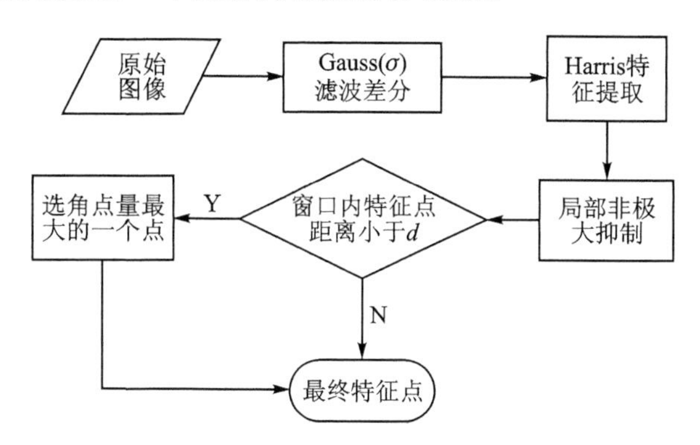


图 6-7　特征提取算法流程图

# 6.2　资源三号卫星三线阵前后视影像特征匹配

立体像对量测是提取地表物体三维信息的基础，在数字摄影测量中以影像匹配获得同名点对，代替人工量测。影像匹配是通过比较两组向量的相关函数，根据向量的相似程度来确定对应的像元点是否为同名像点，即首先以待匹配的点为中心计算得到相应的描述子为一组向量，然后在另一相关影像或者区域内选择以同样的方式构建描述子组成另一组向量，计算两组描述子向量的相关性，待相关性取得最大时所对应的两组影像亮度值信号区域的中心点就为一组同名点对。相关性最大对应区域的中心点即为同名像点，这就是自动化匹配的基本原理。在摄影测量中影像匹配一般指的是在立体像对中寻找同名点，为后续后方交会、前方交会提供前提数据。



## 6.2.1　影像匹配的准则方法

数字影像匹配就是在两幅或多幅影像之间，或者相关区域内找寻同名点对的过程。数字影像匹配有多种算法，其基本思想都是根据一定的数学准则，比较两幅待匹配影像的相似性来确定相关度最高的区域，从而确定同名点对。影像匹配中用到的匹配准则主要有相关函数、协方差函数、相关系数、差平方和、差绝对值和[21]。

### 1. 相关函数(矢量数积)

两幅图像 $g(x,y)$ 和 $g'(x,y)$ 的像元与像元($p$ 和 $q$)之间的相关函数定义为两像元周围一定范围内对应像元灰度值点积的和，如公式(6-13)所示：

$$R(p,q)=\sum_{w\times w} g(x,y)\cdot g'(x',y') \tag{6-13}$$

$R$ 越大两像元的相关度越大，取 $R$ 最大且大于某限值时的点对为同名点对。

### 2. 协方差函数(矢量投影)

协方差函数是中心化的相关函数，两像元($p$ 和 $q$)之间的协方差函数定义为先给两像元一定范围所有像元减去此范围内的亮度平均值，进行中心化，然后再求对应像元点积的和，如公式(6-14)所示：

$$R(p,q)=\sum_{w\times w}\{g(x,y)-E[g'(x,y)]\}\cdot\{g'(x',y')-E[g'(x',y')]\} \tag{6-14}$$

$R$ 越大相关度越大，取 $R$ 最大且大于某限值时的点对为同名点对。

### 3. 相关系数(矢量夹角)

相关系数的基本原理是将协方差函数进行标准化处理，协方差与标准化后的亮度函数的方差做比值，即为相关系数，也可以理解为两组中心化后亮度值函数夹角的余弦。两像元($p$ 和 $q$)的相关系数为：

$$\rho=\frac{\sum_{i=1}^{m}\sum_{j=1}^{n}(g_{i,j}-\bar{g})\cdot(g'_{i-j}-\bar{g}')}{\sqrt{\sum_{i=1}^{m}\sum_{j=1}^{n}(g_{i,j}-\bar{g})^2\cdot\sum_{i=1}^{m}\sum_{j=1}^{n}(g'_{i-j}-\bar{g}')^2}} \tag{6-15}$$

$\rho$ 越大相应像元的相关度越大，$\rho$ 最大为 1，一般取最大且 $\rho$ 大于某一限值作为判定同名像点的条件。

### 4. 差平方和



两幅图像 $g(x,y)$ 和 $g'(x,y)$ 的两像元($p$ 和 $q$)的差平方和函数定义为在其一定范围内像元的灰度值之差的平方和，如下：

$$S^2(p,q)=\sum_{w\times w}[g(x,y)-g'(x',y')]^2 \tag{6-16}$$

$S^2$ 越小两像元的相关度越大，一般选取同名像点的条件为 $S^2$ 最小且小于某限值。

### 5. 差绝对值和(差矢量分量绝对值和)

两幅图像 $g(x,y)$ 和 $g'(x,y)$ 的两像元($p$ 和 $q$)的差绝对值之和函数定义为在其一定范围内像元的灰度值之差的绝对值之和，如下：

$$S(p,q)=\sum_{w\times w}|g(x,y)-g'(x',y')| \tag{6-17}$$

$S$ 越小两像元的相关度越大，一般选取同名像点的条件为 $S$ 最小且小于某限值。

### 6.2.2 前后视影像特征匹配

相关系数准则是标准化的协方差函数，相关系数计算过程将每一像元亮度值减去周围计算相关度范围的亮度平均值，即经过标准化处理，对资源三号前后视影像亮度值不一致有一定的鲁棒性，因此本书特征匹配的匹配准则选用相关系数。本书进行资源三号三线阵前后视影像特征匹配采用双向匹配和斜率约束得到最后的同名特征点。

特征匹配利用相关系数准则进行左像到右像（正向匹配）和右像到左像（反向匹配）双向匹配。正向匹配是计算左像每一特征点 PointL[$i$]与右像所有特征点 PointR[1]～PointR[numr]的相关系数，取得最大相关系数且相关系数大于阈值的特征点对记为同名点对 resultPointL 和 resultPointR，反向匹配原理同正向匹配，比较同名点对结果中右像每一特征点 resultPointR[$i$]与左像所有特征点 PointL[1]～PointL[numl]的相关关系。其中 PointL[$i$]和 resultPointR[$i$]分别为左像某一特征点和正向匹配结果右像某一特征点，numl、numr 分别为左像和右像特征点个数。如果反向匹配的结果和正向匹配时的特征点为同一点对，则记录待用。

斜率约束是两张影像同名点对连线在尺度变化小的情况下的大致趋势相同，同名点对连线互相不交叉。应用方法如下：计算经过双向匹配同名点对 $x$、$y$ 方向上的偏移量，用 $y$ 方向偏移比 $x$ 方向偏移得到一个斜率值，所有斜率值取平均，偏移平均偏移量较大（设置限值）的点对即认为是误匹配点对，予以剔除。

斜率方程如下：

$$k=\frac{\text{resultPoint }L.y-\text{resultPoint }R.y}{\text{resultPoint }L.x-\text{resultPoint }R.x} \tag{6-18}$$

特征匹配流程图如图 6-8 所示，特征匹配的步骤如下：

（1）前视影像到后视影像的正向匹配，得到第一次匹配后的同名点对；

（2）后视影像到前视影像的反向匹配，得到第二次匹配后的同名点对，与第一次的点对相对比，如果为相同点对，则留下，否则舍弃；

（3）计算前后视影像同名点对连线的斜率平均值 $k$；

（4）判断每一特征点对的斜率与平均斜率的差值，留下差值比较小的同名点对作为特征匹配的结果，偏离平均斜率较远的同名点对予以删除。

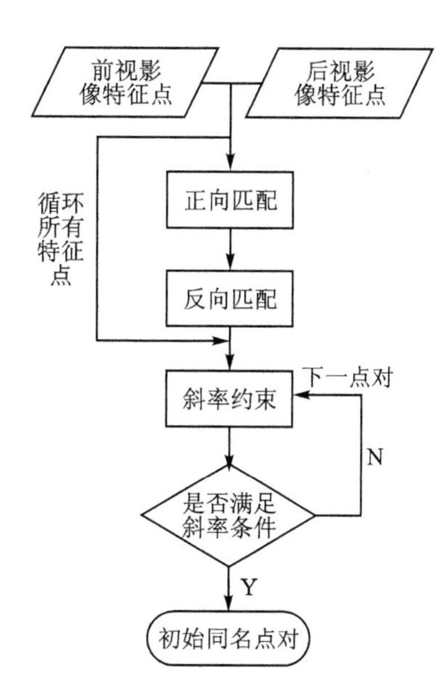


图 6-8 特征匹配流程图

## 6.3　资源三号卫星三线阵前后视影像全局匹配

### 6.3.1　全局匹配方法

全局匹配是确定重叠区域内前视影像每一像元与后视影像相应像元的对应关系，实际上是一个视差精化的过程，即是一个视差图后处理的过程，是对初始视差图优化，求得所有点的最优视差的过程。全局密集匹配常用的视差估计方法有置信度传播算法（belief propagation，BP）、图割法（graph cut，GC）、动态规划法（dynamic programming，DP）、扫描线优化法（scanline optimization，SO）和模拟退火法（simulated annealing，SA）等。

基于置信传播算法的全局匹配是在全图像范围内找寻使视差能量函数（置信度）最小的视差值，即使视差在全局范围内得到最优化；图割法立体匹配是使基于马尔可夫随机场模型建立能量函数最低化问题，从而得到最优化的匹配结果；动态规划匹配根据图像将匹配分成多个区域，分别计算进行匹配，使整个优化匹配过程代价最小；扫描线视差优化法是选定扫描线，根据扫描线在其周围进行视差优化计算；模拟退火法匹配就是在视差优化的过程模拟为退火过程中的温度逐渐降低，适当控制匹配过程，使事先建立的信号函数达到最小或次最小。置信传播算法凭借其强大的消息传播机制的优点，得到比较广泛的应用。

### 6.3.2　前后视影像置信传播算法全局匹配

本书对资源三号卫星三线阵前后视影像进行密集匹配采用的是基于置信传播算法的全局匹配。本书置信传播全局匹配的步骤如下：

（1）建立初始视差图，以上一节特征匹配后的同名点对为已知条件建立初始视差图，在每一特征点周围 100×100 范围内初始视差定义为和该特征点视差相同，其余位置都定义为该前后视影像对的平均视差。

平均视差计算如公式 6 - 19 所示：

$$\begin{cases} \Delta x = \dfrac{\sum_{i=1}^{\text{num}}(\text{resultPoint } L[i].x - \text{resultPoint } R[i].x)}{\text{num}} \\ \Delta y = \dfrac{\sum_{i=1}^{\text{num}}(\text{resultPoint } L[i].y - \text{resultPoint } R[i].y)}{\text{num}} \end{cases} \tag{6-19}$$

其中，resultPointL、resultPointR 为经双向匹配和斜率约束后相对应的点，num 为同名点对个数。

（2）建立图像视差能量函数，视差能量函数定义为视差不连续项和非相似数据项之和，如公式 6-20 所示：

$$E(d)=\sum_{(p,q)\in N}V(d_p,d_q)+\sum_{p\in P}D_p(\mathrm{d}_p) \tag{6-20}$$

其中，

$$V(d_p,d_q)=\begin{cases}0 & d_p=d_q \\ a_1 & |d_p-d_q|=1 \\ a_2 & |I_p-I_q|<\delta \qquad a_3>a_2>a_1>0 \\ a_3 & 其他\end{cases} \tag{6-21}$$

如果 $p$ 两点视差相等，那么视差不连续惩罚量 $V(d_p,d_q)$ 为 0；如果 $p$ 点和 $q$ 点视差差值在一个像元以内，应给较小的惩罚量 $a_1$；而如果差值在一个像素之外，要视是否由于遮挡等原因造成视差不连续，给予较小的惩罚量，此时需要判断两像素点的亮度差，如果亮度差大于阈值 $\delta$，说明是遮挡等原因造成的视差不连续，应给较小的惩罚量 $a_2$，如果强度差小于阈值 $\delta$，则说明视差不连续是因为视差分配不是最优，应该给予一个较大的惩罚量 $a_3$。本书 $a_1$、$a_2$、$a_3$ 分别取 0.5、2、6。

非相似数据项 $\mathrm{D}_p(d_p)$ 的选择方法为在同名点对中，比较左像点和右像点及其周围 8 个像元的灰度差，如图 6-9 所示，其中最小的为非相似数据项。

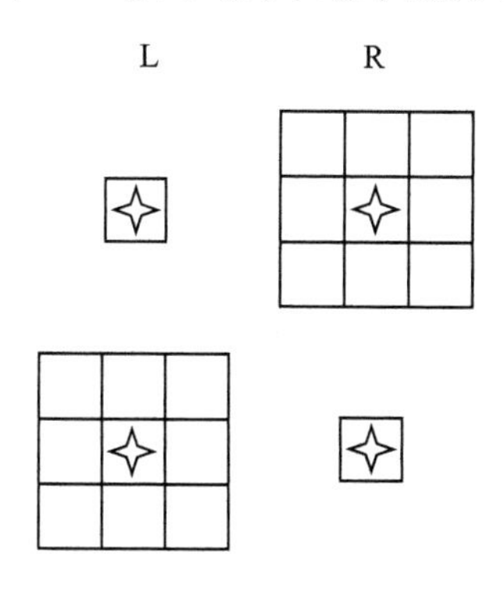


**图 6-9　非相似数据项的选择**

(3) 置信传播优化计算视差能量函数。按初始视差图，与前视像元相对应的同名点为 $p$，计算后视影像 $p$ 点周围 4 个像元与 $p$ 点的置信度，如图 6-10(a)所示，最小置信度的方向为传播方向，如图 6-10(b)中的 $q$ 方向，直到置信度取最小，即得到最优视差。

置信度计算公式为：

$$b_p(d_p)=D_p(d_p)+\sum_{r\in N(p)}m_{r\to p}^{T}(d_p) \tag{6-22}$$

置信度最小时的视差为最优视差

$$d_p^*=\underset{\mathrm{d}_p\in\Omega}{\operatorname{argmin}}\,b_p(d_p) \tag{6-23}$$

其中：

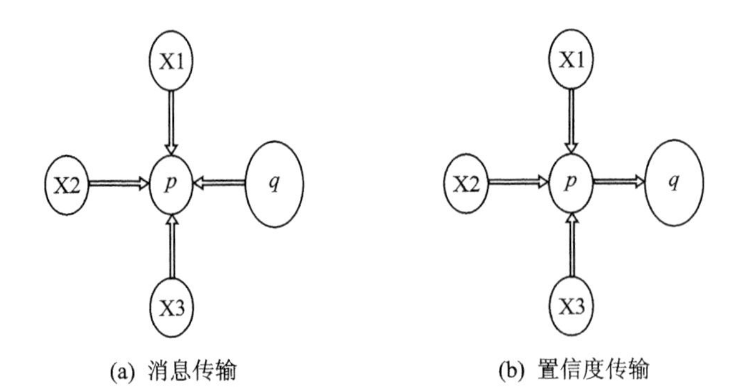


**图 6-10　置信度传播算法**

$$\sum_{r \in N(p) \backslash q} m_{r \to p}^{t-1}(z_p) = m_{x_1 \to p}^{t-1} + m_{x_2 \to p}^{t-1} + m_{x_3 \to p}^{t-1} \tag{6-24}$$

$$m_{p \to q}^{t}(d_q) = \min_{d_p \in \Omega}\left[V(d_p, d_q) + D_p(d_p) + \sum_{r \in N(p) \backslash q} m_{r \to p}^{t-1}(d_p)\right] \tag{6-25}$$

(4) 遍历所有像元，使每一像元视差都得到最优化，即得到整个重叠区域每一像元最优化的视差值，即对应关系。

置信传播全局匹配流程如图 6-11 所示。

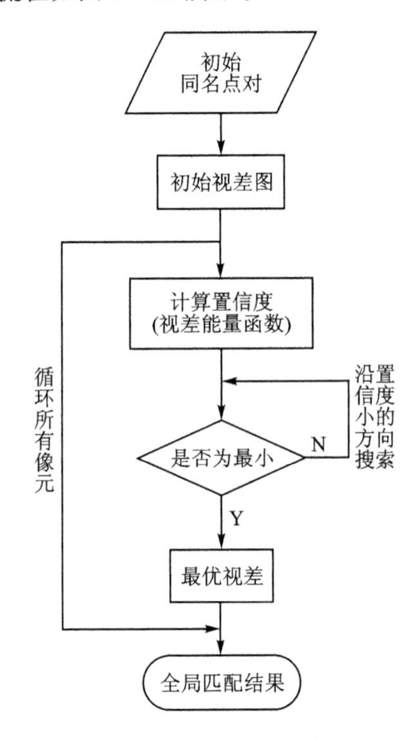


**图 6-11　全局匹配流程图**

# 第 7 章

# 资源三号卫星三线阵影像 DOM 的自动生成

资源三号三线阵前后视影像经过影像增强、特征提取、特征匹配和全局匹配后，得到前后视影像重叠区域所有像元的对应关系，下一步的工作是利用随影像的 RPC 参数建立有理函数模型，采用间接平差的方法求得重叠区域的三维坐标。正视影像分辨率高于前后视影像分辨率(正视 2.1 m，前后视 3.5 m)，需要对前后视影像求得的三维坐标进行内插，得到正视影像条件下的三维坐标，进而根据正视影像的 RPC 参数利用间接法生成正射影像图。

## 7.1 资源三号卫星三线阵前后视影像立体测图

### 7.1.1 三线阵影像有理函数模型

资源三号三线阵相机为线阵传感器，一般采用有理函数法生成正射影像(DOM)，有理函数模型的建立分为“依赖于地形”[45]和“独立于地形”两种方案。“依赖于地形”的方法是指利用从地图上采集或野外实测等手段获取的地面控制点直接解算 RPC 参数；“独立于地形”的方式，一般利用随影像提供给用户的相应卫星影像 RPC 参数文件[46]。有理函数模型有其固有的优点[22]：相对于多项式模型比较稳定，不会振荡；独立于传感器平台和坐标系统等。本书采用的是后者，即利用随影像提供的 RPC 参数文件。

有理函数多项式模型是线阵影像较为常用的成像模型，RFM 原理直观，并且计算较为简单，尤其当地面区域比较平坦、起伏不大时，纠正精度也比较高。有理函数模型的基本思想是回避成像的空间几何过程，每一项系数没有具体的物理或几何意义。此方法纠正前后图像相应点之间的坐标关系中可用一个相应的有理函数式来表达，对各种类型传感器的纠正都是普遍适用的，其缺点是高阶多项式容易造成图像产生不应有的变形。

有理函数模型定义如公式 7-1 所示，可以看出有理函数模型的定义在外形上和摄影测量中的核心方程共线方程有着一定的相似之处，共线方程是经过严格的成像模型推理得出的，每一参数都有着确切的几何意义，而线阵影像的有理函数模型并非按严格的成像模型推出，模型中的每一系数也无确切的几何意义。

$$\begin{cases} \text{sam} = \dfrac{\text{Nums}(U,V,W)}{\text{Dens}(U,V,W)} \\ \text{line} = \dfrac{\text{Numl}(U,V,W)}{\text{Denl}(U,V,W)} \end{cases} \tag{7-1}$$

其中，$\text{Nums}(U,V,W)$、$\text{Dens}(U,V,W)$、$\text{Numl}(U,V,W)$、$\text{Denl}(U,V,W)$都为 20 项的 3 次多项式，如公式(7－2)～公式(7－5)所示，sam、line 为标准化后的行列号，即标准化的像元采样方向和推扫方向位置，如公式 7－6 所示，$U$、$V$、$W$ 为标准化后的 WGS84 坐标系下的大地三维坐标，如公式(7－7)所示。

$$\begin{aligned} \text{Nums}(U,V,W) = {} & a_1 + a_2 V + a_3 U + a_4 W + a_5 VU + a_6 VW + a_7 UW + a_8 V^2 + \\ & a_9 U^2 + a_{10} W^2 + a_{11} UVW + a_{12} V^3 + a_{13} VU^2 + a_{14} VW^2 + a_{15} V^2 U + \\ & a_{16} U^3 + a_{17} UW^2 + a_{18} V^2 W + a_{19} U^2 W + a_{20} W^3 \end{aligned} \tag{7-2}$$

$$\begin{aligned} \text{Dens}(U,V,W) = {} & b_1 + b_2 V + b_3 U + b_4 W + b_5 VU + b_6 VW + b_7 UW + b_8 V^2 + \\ & b_9 U^2 + b_{10} W^2 + b_{11} UVW + b_{12} V^3 + b_{13} VU^2 + b_{14} VW^2 + b_{15} V^2 U + \\ & b_{16} U^3 + b_{17} UW^2 + b_{18} V^2 W + b_{19} U^2 W + b_{20} W^3 \end{aligned} \tag{7-3}$$

$$\begin{aligned} \text{Numl}(U,V,W) = {} & c_1 + c_2 V + c_3 U + c_4 W + c_5 VU + c_6 VW + c_7 UW + c_8 V^2 + \\ & c_9 U^2 + c_{10} W^2 + c_{11} UVW + c_{12} V^3 + c_{13} VU^2 + c_{14} VW^2 + c_{15} V^2 U + \\ & c_{16} U^3 + c_{17} UW^2 + c_{18} V^2 W + c_{19} U^2 W + c_{20} W^3 \end{aligned} \tag{7-4}$$

$$\begin{aligned} \text{Denl}(U,V,W) = {} & d_1 + d_2 V + d_3 U + d_4 W + d_5 VU + d_6 VW + d_7 UW + d_8 V^2 + \\ & d_9 U^2 + d_{10} W^2 + d_{11} UVW + d_{12} V^3 + d_{13} VU^2 + d_{14} VW^2 + d_{15} V^2 U + \\ & d_{16} U^3 + d_{17} UW^2 + d_{18} V^2 W + d_{19} U^2 W + d_{20} W^3 \end{aligned} \tag{7-5}$$

其中，$a_1 \sim a_{20}$、$b_1 \sim b_{20}$、$c_1 \sim c_{20}$、$d_1 \sim d_{20}$ 为采样方向(sam)和推扫方向(line)位置有理函数模型分子分母的系数，具体数值参见 RPC 参数文件，$U$、$V$、$W$ 为标准化的大地三维坐标。



$$\begin{cases} \text{sam} = \dfrac{\text{SAM} - \text{SAMoffset}}{\text{SAMscale}} \\ \text{line} = \dfrac{\text{LINE} - \text{LINEoffset}}{\text{LINEscale}} \end{cases} \tag{7-6}$$

其中，SAM、LINE 为图像像元的位置，sam 和 line 为采样方向和推扫方向的位置标准化后的值，即行列号 SAM、LINE 标准化后的值，本书中分别对应 $x$ 和 $y$ 方向，SAMoffset、SAMscale、LINEoffset、LINEscale 为 sam 和 line 标准化的平移和比例参数，RPC 文件中提供。

$$\begin{cases} U = \dfrac{\text{Latitude} - \text{Latitudeoffset}}{\text{latitudescale}} \\ V = \dfrac{\text{Longitude} - \text{Longitudeoffset}}{\text{longitudescale}} \\ W = \dfrac{\text{Height} - \text{Heightoffset}}{\text{Heightscale}} \end{cases} \tag{7-7}$$

其中，Latitude、Longitude、Height 为 WGS84 坐标系统下的三维坐标，即维度、经度和大地高，Latitudeoffset、Latitudescale、Longitudeoffset、Longitudescale、Heightoffset、Heightscale 为三维坐标相应的标准化平移和比例参数。

资源三号三线阵前后正视影像的像元位置与相应的地面点的三维坐标都分别满足相应有理函数模型。

## 7.1.2　三线阵前后视影像前方交会

资源三号三线阵前后视影像为对相同地区相同时间不同角度拍摄的，构成立体像对，可以进行立体测图。按上一节讲述的有理函数模型，前后视影像都有自己的有理函数模型，对于前后视影像的同名像点，前视影像可以列两个方程，后视影像可以列两个方程，一共构成 4 个方程的方程组，如公式(7－9)所示，这个方程组包含像点的真实三维坐标 3 个未知数，但都不是线性方程，4 个非线性方程解 3 个未知数，需要将 4 个有理函数方程进行线性化，列误差方程，用间接平差最小二乘原理迭代求解 3 个未知数。

根据公式 7－1 和 7－6 变形得：

$$\begin{cases} \text{SAM} = \dfrac{\text{Nums}(U,V,W)}{\text{Dens}(U,V,W)} \cdot \text{SAMscale} + \text{SAMoffset} \\ \text{LINE} = \dfrac{\text{Numl}(U,V,W)}{\text{Denl}(U,V,W)} \cdot \text{LINEscale} + \text{LINEoffset} \end{cases} \tag{7-8}$$

前后视影像都可列如式 7－8 所示的方程组，如下：

$$\begin{cases} \text{SAM\_f} = \dfrac{\text{Numsf}(U,V,W)}{\text{Densf}(U,V,W)} \cdot \text{SAMfscale} + \text{SAMfoffset} \\ \text{LINE\_f} = \dfrac{\text{Numlf}(U,V,W)}{\text{Denlf}(U,V,W)} \cdot \text{LINEfscale} + \text{LINEfoffset} \\ \text{SAM\_b} = \dfrac{\text{Numsb}(U,V,W)}{\text{Densb}(U,V,W)} \cdot \text{SAMbscale} + \text{SAMboffset} \\ \text{LINE\_b} = \dfrac{\text{Numlb}(U,V,W)}{\text{Denlb}(U,V,W)} \cdot \text{LINEbscale} + \text{LINEboffset} \end{cases} \tag{7-9}$$

利用资源三号三线阵前后视影像进行立体测图的步骤如下：

(1) 根据置信度全局匹配结果的立体像对，列前后视影像的有理函数模型，组成方程组如公式(7－9)，方程组(7－9)写为(7－10)或变形如公式(7－11)所示；

$$\begin{cases} \text{SAM\_f} = Ff \cdot \text{SAMfscale} + \text{SAMfoffset} \\ \text{LINE\_f} = Gf \cdot \text{LINEfscale} + \text{LINEfoffset} \\ \text{SAM\_b} = Fb \cdot \text{SAMbscale} + \text{SAMboffset} \\ \text{LINE\_b} = Gb \cdot \text{LINEbscale} + \text{LINEboffset} \end{cases} \tag{7-10}$$

$$\begin{cases} F_f = \text{Numsf}(U,V,W) - \text{samf} \cdot \text{Densf}(U,V,W) = 0 \\ G_f = \text{Numlf}(U,V,W) - \text{linef} \cdot \text{Denlf}(U,V,W) = 0 \\ F_b = \text{Numsb}(U,V,W) - \text{samb} \cdot \text{Densb}(U,V,W) = 0 \\ G_b = \text{Numlb}(U,V,W) - \text{lineb} \cdot \text{Denlb}(U,V,W) = 0 \end{cases} \tag{7-11}$$

将方程组变形为公式7－10可以化简计算但是因为存在分式，有可能会有较小的数做分母的情况；若变形为公式(7－11)所示，即可以化简计算，又可以避免较小的数做分母，故本书选用后者，变形为公式(7－11)所示。

(2) 将方程组(7－11)按WGS84坐标系统下的三维坐标Latitude、Longitude、Height为未知数线性化，组成线性方程组，如公式(4－12)所示；

$$\begin{cases} \dfrac{\partial F_f}{\partial \text{Latitude}} \cdot \text{Latitude} + \dfrac{\partial F_f}{\partial \text{Longitude}} \cdot \text{Longitude} + \dfrac{\partial F_f}{\partial \text{Height}} \cdot \text{Height} + F_f 0 = 0 \\ \dfrac{\partial G_f}{\partial \text{Latitude}} \cdot \text{Latitude} + \dfrac{\partial G_f}{\partial \text{Longitude}} \cdot \text{Longitude} + \dfrac{\partial G_f}{\partial \text{Height}} \cdot \text{Height} + G_f 0 = 0 \\ \dfrac{\partial F_b}{\partial \text{Latitude}} \cdot \text{Latitude} + \dfrac{\partial F_b}{\partial \text{Longitude}} \cdot \text{Longitude} + \dfrac{\partial F_b}{\partial \text{Height}} \cdot \text{Height} + F_b 0 = 0 \\ \dfrac{\partial G_b}{\partial \text{Latitude}} \cdot \text{Latitude} + \dfrac{\partial G_b}{\partial \text{Longitude}} \cdot \text{Longitude} + \dfrac{\partial G_b}{\partial \text{Height}} \cdot \text{Height} + G_b 0 = 0 \end{cases} \tag{7-12}$$



其中常数项如公式(7－13)所示：

$$\begin{cases} F_f 0 = \text{Numsf}(U_0,V_0,W_0) - \text{sam} \cdot \text{Densf}(U_0,V_0,W_0) \\ G_f 0 = \text{Numlf}(U_0,V_0,W_0) - \text{sam} \cdot \text{Denlf}(U_0,V_0,W_0) \\ F_b 0 = \text{Numsb}(U_0,V_0,W_0) - \text{sam} \cdot \text{Densb}(U_0,V_0,W_0) \\ G_b 0 = \text{Numlb}(U_0,V_0,W_0) - \text{sam} \cdot \text{Denlb}(U_0,V_0,W_0) \end{cases} \tag{7-13}$$

(3) 选Latitude、Longitude、Height为参数，组成误差方程；

$$\boldsymbol{V} = \boldsymbol{A}\hat{\boldsymbol{x}} - \boldsymbol{l} \tag{7-14}$$

其中

$$
\boldsymbol{A}=\begin{bmatrix}
\frac{\partial F_f}{\partial U}\frac{\mathrm{d}U}{\mathrm{dLatitude}} & \frac{\partial F_f}{\partial V}\frac{\mathrm{d}V}{\mathrm{dLongitude}} & \frac{\partial F_f}{\partial W}\frac{\mathrm{d}W}{\mathrm{dHeight}} \\
\frac{\partial G_f}{\partial U}\frac{\mathrm{d}U}{\mathrm{dLatitude}} & \frac{\partial G_f}{\partial V}\frac{\mathrm{d}V}{\mathrm{dLongitude}} & \frac{\partial G_f}{\partial W}\frac{\mathrm{d}W}{\mathrm{dHeight}} \\
\frac{\partial F_b}{\partial U}\frac{\mathrm{d}U}{\mathrm{dLatitude}} & \frac{\partial F_b}{\partial V}\frac{\mathrm{d}V}{\mathrm{dLongitude}} & \frac{\partial F_b}{\partial W}\frac{\mathrm{d}W}{\mathrm{dHeight}} \\
\frac{\partial G_b}{\partial U}\frac{\mathrm{d}U}{\mathrm{dLatitude}} & \frac{\partial G_b}{\partial V}\frac{\mathrm{d}V}{\mathrm{dLongitude}} & \frac{\partial G_b}{\partial W}\frac{\mathrm{d}W}{\mathrm{dHeight}}
\end{bmatrix}
\quad
\boldsymbol{l}=\begin{bmatrix} -F_f0 \\ -G_f0 \\ -F_b0 \\ -G_b0 \end{bmatrix}
\tag{7-15}
$$

$$\hat{\boldsymbol{x}}=(\Delta\ \mathrm{Latitude},\Delta\ \mathrm{Longitude},\Delta\ \mathrm{Height})' \tag{7-16}$$

$$\boldsymbol{X}=(\mathrm{Latitude},\mathrm{Longitude},\mathrm{Height})' \tag{7-17}$$

(4) 根据最小二乘原理，改正数满足 $V^{\mathrm{T}}PV=\min$，按如下计算方法迭代求解像元的三维坐标，迭代初值选为前后视影像 RPC 参数文件给出的平移参数的平均值，直到改正数足够小；

因为本书平差属于等权平差，故

$$\hat{\boldsymbol{x}}=(\boldsymbol{A}^{\mathrm{T}}\boldsymbol{A})^{-1}\boldsymbol{A}^{T}\boldsymbol{l} \tag{7-18}$$

$$\boldsymbol{X}_{\mathrm{n}}=\boldsymbol{X}_{\mathrm{n-1}}+\hat{\boldsymbol{x}} \tag{7-19}$$

(5) 按(1)～(4)步求解每一像元的三维坐标。

资源三号三线阵前后视影像立体测图计算流程图如图 7－1 所示。

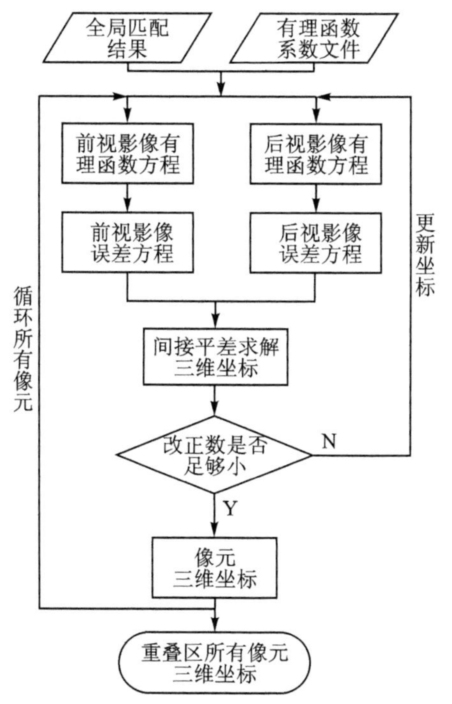


**图 7－1　资源三号三线阵前后视影像前方交会流程**

# 7.2　资源三号卫星三线阵正视影像 DOM 自动生成

## 7.2.1　DOM 生成的方法

数字影像正射纠正又称为数字微分纠正，以像元为纠正单元，通过数字影像变换完成影像的正射纠正，使影像从非正射投影纠正后满足正射投影条件。常规的中心式投影的影像，在数字影像纠正前必须已知原始影像的内方位元素（$x_0$，$y_0$，$f$）、外方位元素（$X_s$，$Y_s$，$Z_s$，及 3 个角元素）和相应地面的数字高程模型。进行正射纠正时首先要建立原始像元与对应正射影像之间对应的坐标关系，然后影像变换后进行灰度值重采样，获得正射影像图上像元的灰度值。数字微分纠正属于高精度逐点纠正，除了可以纠正常规的航摄像片外，同样适用于扫描方式或其他方式获得非中心投影卫星影像。数字微分纠正生成正射影像图的方法主要有直接法和间接法两类方法。

直接法进行数字微分纠正原理如图 7－2 所示，是从原始影像出发，逐个像素解算其纠正后的像元坐标。直接法数字影响纠正实际上是由二维影像坐标变化到三维空间坐标的迭代解算过程。利用直接法进行数字微分纠正时，必须知道地面点的高程数据。由于纠正后的影像上的像元不是规则排列，可能出现空白或者重复像元，较难实现灰度内插，获得规则排列的数字正射影像图。

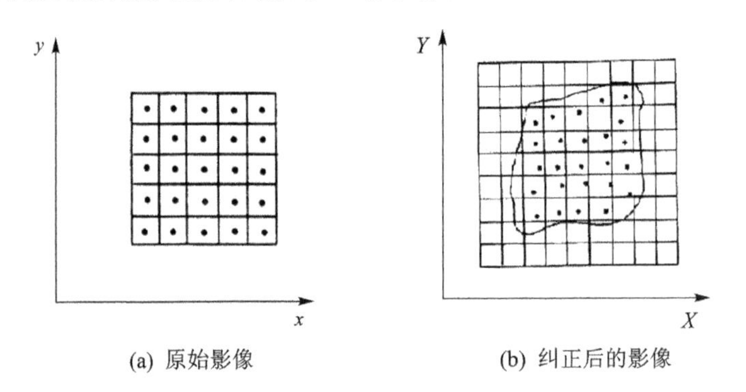


图 7－2　直接法纠正

间接法进行数字影像纠正原理如图 7－3 所示，计算得到地面点的坐标（$X$，$Y$）在数字高程模型（$DEM$）得到相应地面点的高程 $Z$，利用共线方程计算地面点在原始影像上的位置（$x$，$y$），然后通过对原始影像（$x$，$y$）及其周围与其相邻的像元进行灰度值重采样计算，得到灰度值赋值在正射影像图的相应位置上。

重采样的方法主要有最邻近法、双线性内插法、三次卷积内插法。最邻近法是将最邻近的像元值赋予新像元。如图 7－3 所示，将原始图像中 P 像元的亮度值赋给输出的图像中带阴影的像元。该方法的优点是输出图像仍然保持原来像元的亮度值，并且计算简单，处理速度快，但是这种方法的缺点是可能产生大至半个像元的位置位

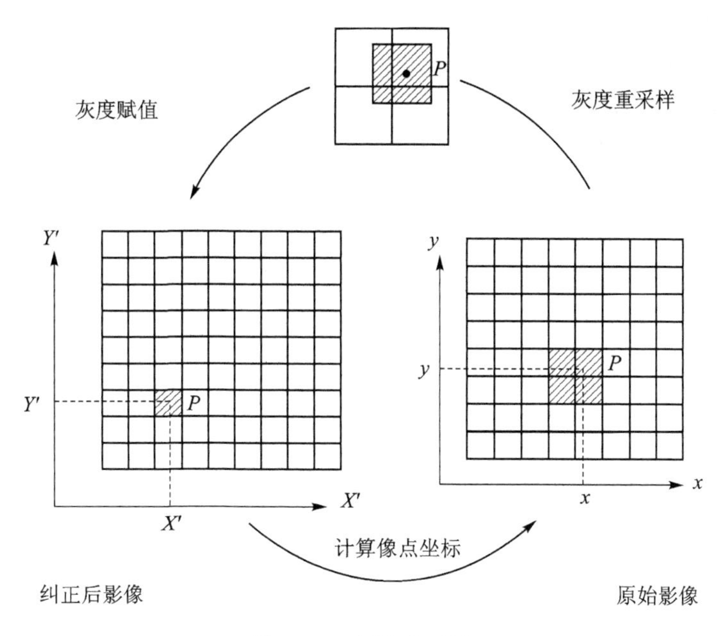


图7-3 间接法纠正

移,还有可能造成采样后影像上某些区域或地物亮度值的不连贯,亮度值有突变。

双线性内插法是利用离计算得到的原始影像位置最近的4个像元的亮度值(图7-3原始影像中有像元 $P$ 处4个阴影像元的亮度值),按照其距离内插像元的远近赋予权重,线性内插得到待内插像元的亮度值。该方法重采样后的影像有被平均化的效果,地物边缘经过平滑之后,输出图像的亮度值整体上比较连贯。双线性内插法重采样也有缺点,就是原来影像的像元值被破坏了,可能会影响后续影像的分类识别等。此方法计算量适中,且生成的新图像亮度值较为均匀,因为比较常用。

三次卷积内插法较为复杂,是根据距离待内插点比较近的16个像元的亮度值计算出新的像元值,三次卷积内插法生成的影像对地物边缘有所增强、并具有均衡化和清晰化的效果。但是这种方法同样破坏了原来影像的像元亮度值,并且计算量较大,因此不是特别常用。



## 7.2.2 三线阵正视影像DOM自动生成

资源三号三线阵影像已知数据只有随影像附带的RPC参数,没有进行控制点采集,如果用直接法进行数字正射纠正,缺乏高程数据,并且直接法进行数字微分纠正也有其固有的缺点,因此本书未选用直接法生成数字正射影像图。间接法对数字影像进行正射纠正需要的已知数据包括相应影像的内外方位元素和待纠正地区的数字高程模型(DEM),对ZY-3三线阵影像来说,RPC参数为包含相应定向元素的已知数据,通过前后视影像立体测图得到前后视影像重叠区域所有像元中心点的坐标,进行数字微分纠正前已得到这些数据,满足用间接法进行微分纠正的条件,故本书选择用间接法对资源三号三线阵正视影像进行数字正射纠正。

ZY-3三线阵前后视影像的分辨率和正视影像的分辨率并不相同，前后视影像的分辨率为3.5 m，而正视影像分辨率为2.1 m高于前后视影像，可以理解为前后视影像像元大于正视影像像元，因此在进行数字微分纠正前，需要对此进行处理。因前后视影像分辨率差不多为正视影像分辨率的一半，并且本书进行实验时，用上一节计算的前后视影像重叠区域的每一像元的三维坐标直接计算，该像元在正视影像的位置，发现两个相邻像元在正视影像的位置基本上都是间隔的，就是两个相邻像元计算在正视影像的位置都是像一个像元，故本书采用两个像元变三个的内插方法。换而言之，用求出的前后视三维坐标分别在采样和扫描方向上进行间隔内插，内插出新像元的三维坐标为相临两像元的平均值。内插之后利用正视影像的RPC参数建立有理函数模型，利用间接法对正视影像进行数字正射纠正。

本书对资源三号三线阵正视影像进行正射纠正的流程图如图7-4所示，生成数字正射影像图(DOM)的步骤如下：

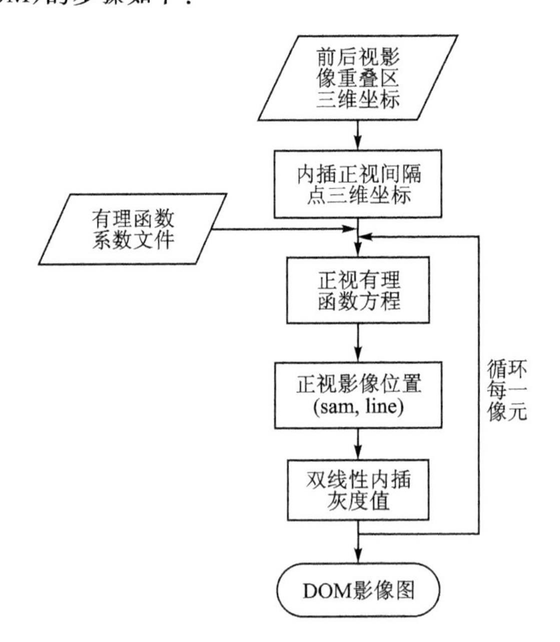


**图7-4 ZY-3三线阵正视影像正射纠正流程图**

(1) 建立空白的正射影像图，DOM大小为资源三号三线阵前后视影像重叠区域内插后图像大小，内插原则为根据前方交会结果得出的像元三维坐标，分别在采样方向和扫描方向上进行内插，即两个像元变3个像元；

(2) 计算间隔点的三维坐标，中间点三维坐标等于与其相邻坐标的三维坐标的平均值；

(3) 根据正视影像RPC参数建立像元的有理函数方程，如公式(7-20)所示，计算得到像元在正视影像上面的位置，即SAM和LINE；

$$\begin{cases} \text{SAM} = \dfrac{\text{Nums}(U,V,W)}{\text{Dens}(U,V,W)} \cdot \text{SAMscale} + \text{SAMoffset} \\ \text{LINE} = \dfrac{\text{Numl}(U,V,W)}{\text{Denl}(U,V,W)} \cdot \text{LINEscale} + \text{LINEoffset} \end{cases} \tag{7-20}$$

(4) 由上步计算得到的 SAM 和 LINE 一般都不为整数，根据 SAM 和 LINE 的值及其对应的正视影像像元亮度值进行距离加权，并进行双线性内插计算新像元的亮度值，如公式 7-21，赋在正射影像的相应位置上；

$$\begin{aligned} \text{I\_new}(s,l) = & (1-a_1)(1-a_2)I(i,j) + (1-a_1)a_2 I(i,j+1) + \\ & a_1(1-a_2)I(i+1,j) + a_1 a_2 I(i+1,j+1) \end{aligned} \tag{4-21}$$

其中：I_new$(s,l)$为纠正后新影像$(s,l)$像元亮度值，$(i,j)$像元及其周围 4 个像元为纠正后新影像与原影像相对应的 4 个像元，因为计算得出在原影像位置不是整数，因此对应 4 个像元，$(i,j)$为取整之后的像元。$a_1$ 和 $a_2$ 为距离像元$(i,j)$的距离，$I$ 为原图像相应的亮度值。

(5) 重复(3)～(4)步计算正射影像所有像元在原始正视影像图上的位置，然后双线性内插出新的像元值。

# 第8章

# 高分遥感云服务平台建设

## 8.1 云服务平台技术路线

### 8.1.1 总体技术路线

资源三号卫星遥感云服务软件包采用软件集成与开发相结合。在云计算平台开发的基础上调研现有软件产品的各模块功能，充分利用已经成熟的先进技术作为主要数据处理模块，针对所有数据处理模块进行集成设计与开发，如图 8-1 所示。

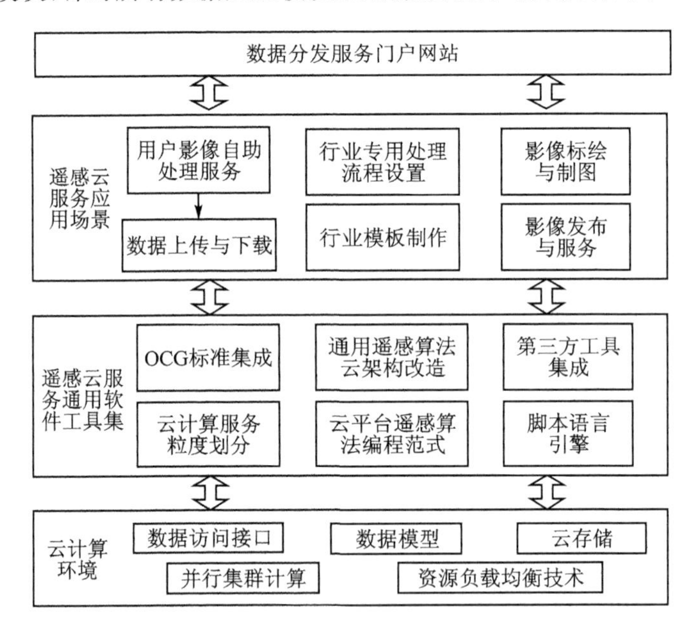


**图 8-1 遥感云服务软件包总体技术路线**

基于遥感云平台服务提供的数据模型和空间数据访问接口，研究通用遥感处理算法的专用编程模型，形成一套面向云计算的遥感处理算法的编程范式。在此基础上，对通用遥感处理算法进行改造与升级，实现面向 PaaS 的算法服务接口；并结合脚本语言引擎，研究面向遥感云平台的第三方算法集成模式。最终实现基于云平台的通用遥感图像处理软件工具集。针对用户需求,在遥感云服务通用工具集基础中为用户提供资助处理、专用流程设置、影像标绘与制图等应用功能,支持用户将处理结果发布成产品或服务,用户可通过数据分发服务门户网站享受遥感云平台提供的服务。

## 8.1.2 软件结构设计

本书着眼于如何在云计算平台上开发资源三号卫星遥感云服务功能,而非简单地利用云计算平台的并行处理能力将现有的遥感数据处理算法移植到云平台上。因此要实现云平台上的遥感云服务的技术架构和开发模式。

遥感应用的业务特点决定了必须为公众提供遥感数据、信息产品、数据处理、业务应用及计算资源的一体化服务,需要在云计算的数据库即服务(DaaS)、软件即服务(SaaS)、平台即服务(PaaS)和基础设施服务(IaaS)技术基础上,将遥感数据、信息产品、软件技术和服务模式进行有效的结合,实现一体化、多模式的服务平台。遥感云服务平台的基本结构如图8-2所示。

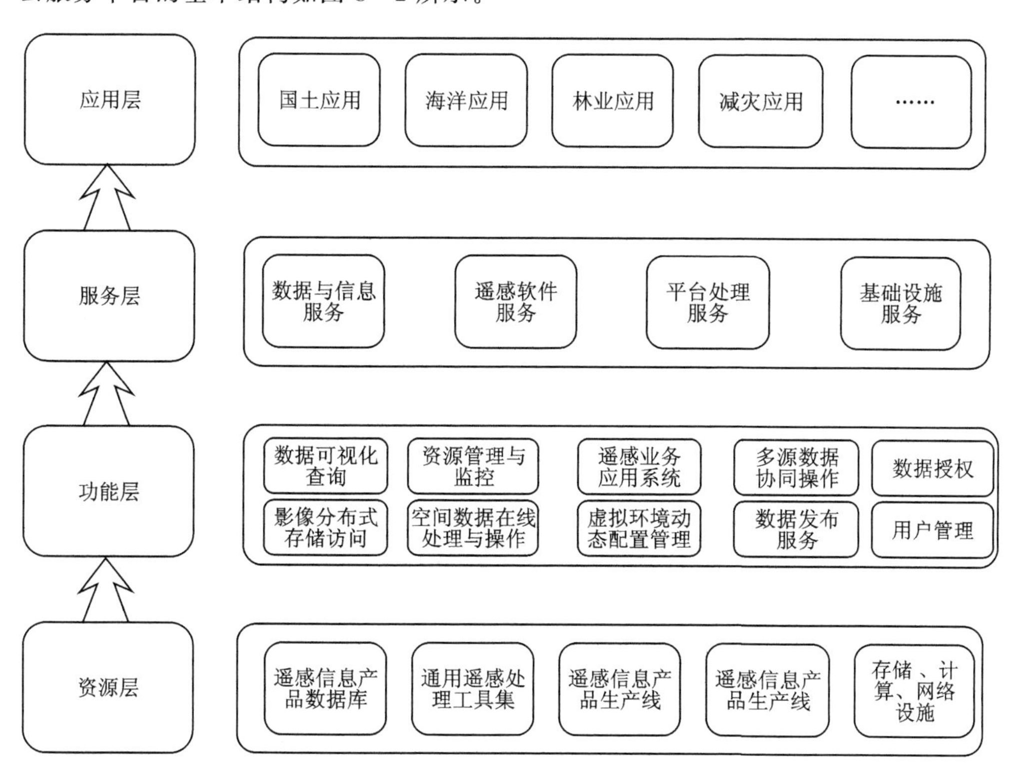


**图8-2 遥感云服务软件总体架构**

遥感云服务平台为区域用户提供以下服务:

(1) 数据云服务:提供定期更新的各种类型的遥感数据库,节省用户订购遥感数据的烦琐手续和时间，并通过数据共享应用降低数据使用成本。

(2) 软件云服务：用户可根据业务需要通过网络直接使用遥感通用工具软件，无须本地安装以及承担升级和管理成本。

(3) 平台云服务：提供通用的遥感数据处理功能，用户可以在平台上直接对平台提供的遥感数据和信息产品进行在线处理和应用。

(4) 设施云服务：根据用户业务需要即时建立虚拟遥感应用工作站，配置所需工作区域的遥感数据，信息产品，遥感软件工具和计算机环境，供用户通过网络或移动终端使用。

支持以上遥感云服务项目的技术基础包括：遥感数据与信息产品的存储与共享服务，数据安全，软件管理，信息产品、数据与用户专题信息的共享、软件工具平台服务、用户管理与效用计算等。

### 8.1.3　硬件环境配置

资源三号应用系统硬件系统由网络系统、主机系统、存储系统、终端计算机设备、运维监控系统、应用系统专用设备以及安全系统组成。其中网络系统、主机系统、存储系统、终端计算机设备、安全系统构成资源三号应用系统核心硬件系统。

系统采用万兆以太网络作为骨干网络，连接千兆交换机，实现千兆到桌面。在保密网、内网、外网各区域的系统中，工作站、服务器、计算节点都通过共享文件系统访问存储系统，实现以共享存储为中心的高性能数据处理系统。高性能计算节点采用Infiniband网络连接，保证足够的带宽，作为高性能计算网络，交换计算数据。核心存储采用SAN架构，使用文件共享系统软件实现共享存储。

整个业务系统进行网络安全防护，分为涉密网、内网、外网3个网络区域，其中涉密网与内网和外网进行物理隔离，内网与外网通过双向网闸进行逻辑隔离，外网通过防火墙等防护措施与互联网进行连接。



数据分发服务分系统硬件部署环境在内网和外网，不涉及涉密网，内外网通过网闸进行数据传递。内网部署数据提取分发服务器2台、内网web服务器1台，外网部署外网web分发服务器2台、外网身份认证及综合应用服务器2台、外网数据库服务器2台外网计算节点服务器10个和外网立体影像空间信息共享服务web服务器10台，如图8-3所示。

从运营角度看，云基础平台可以分成公共云、私有云和混合云，分别面向公共用户、企业内部用户和混合用户。卫星测绘应用中心可以分别建设资源三号卫星数据公共云基础平台和内部私有云基础平台。管理域和资源域在网络上保持隔离，以保证管理域的安全性。在管理域节点上运行资源三号卫星遥感云服务业务平台的管理功能。资源域包括共享存储，通过存储虚拟化给资源三号卫星遥感云服务客户提供持久性存储，通过两级或多级交换机提供虚拟机所需的网络资源，同时通过防火墙提高公共云网络的安全性，通过VPN给用户提供专属网络。资源三号遥感云服务客

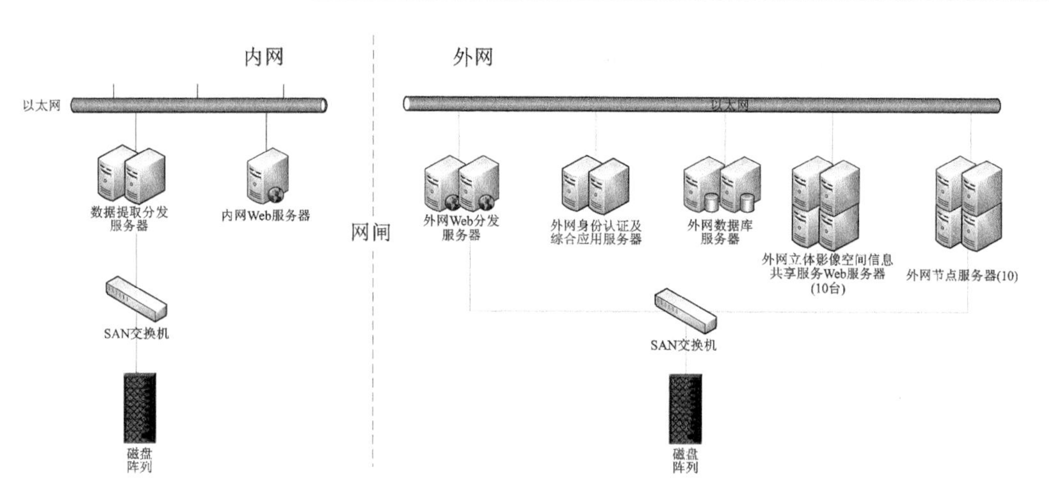


图 8－3　数据分发服务分系统硬件连接图

户通过互联网接入访问资源三号卫星遥感服务业务平台上的服务，可以给每一个客户配置一个虚拟局域网，该客户的所有虚拟机都在虚拟局域网内，在网络上和其他客户进行隔离。同时云计算的遥感服务业务平台需要与数据分发软件和立体影像浏览与共享软件集成，便于中心统一管理。

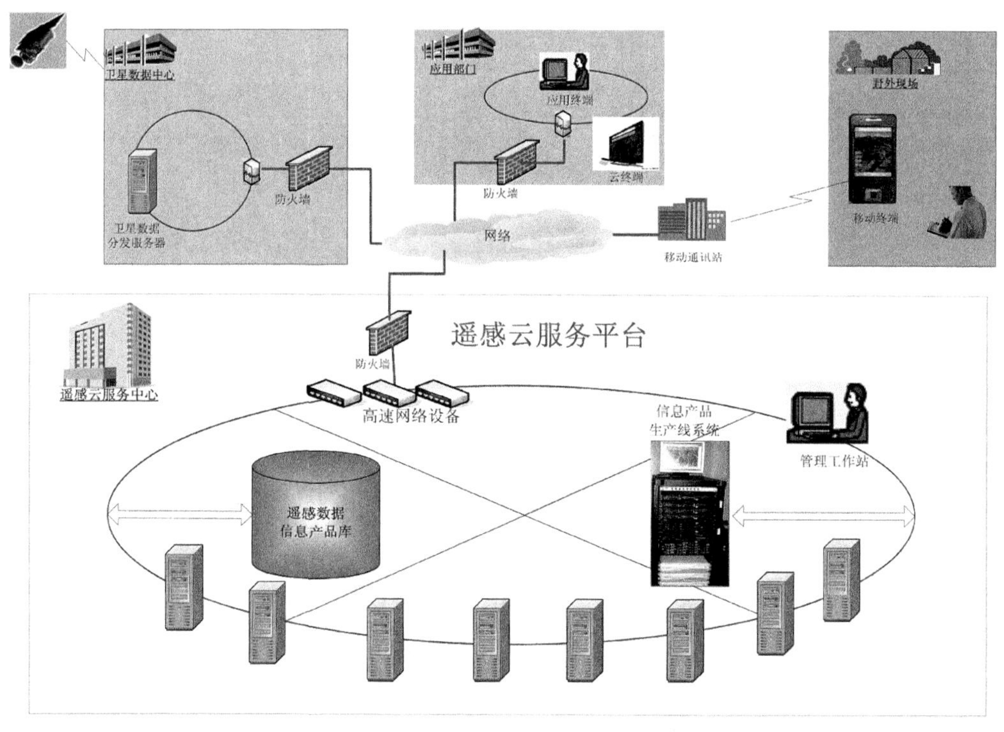


图 8－4　资源三号卫星遥感云服务硬件体系架构设计

# 8.2 关键技术及解决途径

## 8.2.1 遥感影像的并行计算模型

云计算的基础框架首先是要确保能实现并行计算。并行计算是指同时使用多种计算资源解决计算问题的过程,是提高计算机计算速度和处理能力的一种有效手段。它的基本思想是用多个处理器来协同求解同一问题,即将被求解的问题分解成若干个部分,各部门均有一个独立的处理机来并行计算。并行计算系统既可以是专门设计的、含有多个处理器的超级计算机,也可以是以某种方式互联的若干独立计算机构成的集群。通过并行计算集群完成数据的处理,再将处理结果返回给用户。

并行处理一般有功能并行 EP 和数据并行 DP 两种形式。EP 指一个计算任务,可根据不同功能划分成各部分,如输入、计算、输出、显示等,将其分配给不同的处理单元同时进行处理。DP 则是将待处理的数据分成小块,均衡地分给所有的处理单元,都进行同样的运算。在具体应用中,需要进行综合考虑。两种并行处理形式的并行计算模型如图 8-5 所示,其中有输入、计算、输出几个任务的功能并行处理,也有计算任务划分成任务 1 和任务 2 的数据并行处理,任务 1 和任务 2 还可以继续划分成几个子任务进行数据并行处理,图中的虚线代表任务之间的通信和同步,而实线则代表子任务之间的同步和通信。

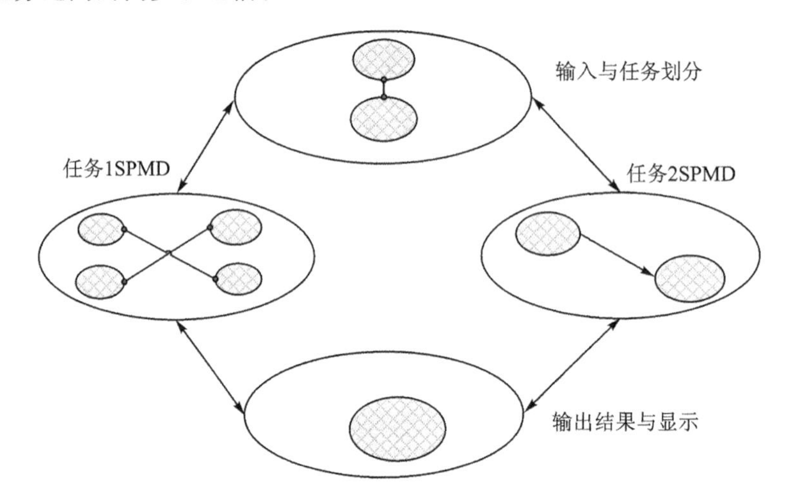


**图 8-5 并行计算模型**

常用的基于消息传递的网络并行计算环境,如 PVM 和 MPI,有两种典型的结构:SPMD 和 master/slave 模式。SPMD 模式又叫对等模式,与数据并行处理相对应,其中的每个进程处理单元大致完成相同的工作。master/slave 模式,又叫主从模式,多个执行计算功能的从 slave 进程为一个或多个主 master 进程工作。从模式之间的并行处理与数据并行相对应，主从进程之间的并行处理则与功能并行相对应。因此，主从模式可看作数据并行和功能并行的结合体。

在进行并行计算时，由于各进程之间要进行数据调控和传输，所以必然有一定的通信开销。通信开销主要体现在两方面：对等进程之间的数据传输，主进程对从进程的调度、任务分配及其数据传输。在遥感影像并行处理中，要对影像进行划分，映射给进程进行计算处理，其依据的就是被划分部分的数据通信量。3种图像数据划分方式如图8-6所示。其中(a)为水平条带。(b)为竖直条带。(c)为矩形块。各个划分条带的边界(图中的阴影部分)就是所要进行通信的数据。

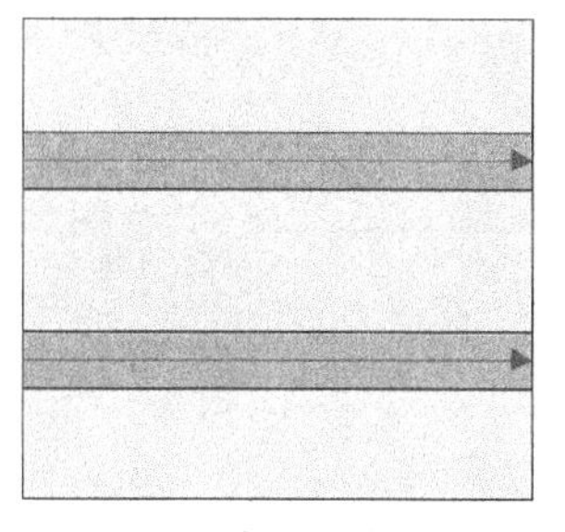
(a) 水平条带

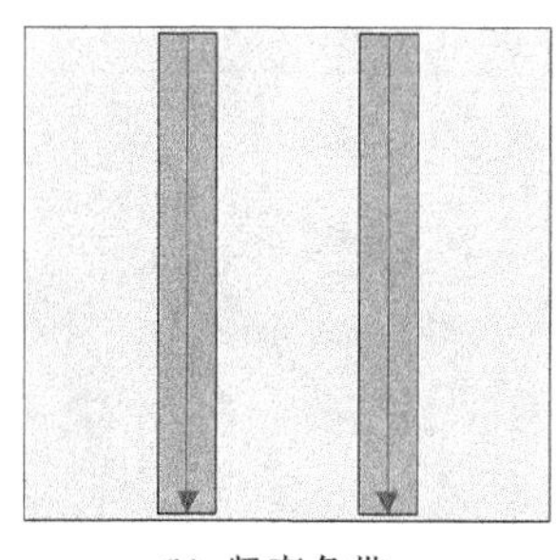
(b) 竖直条带

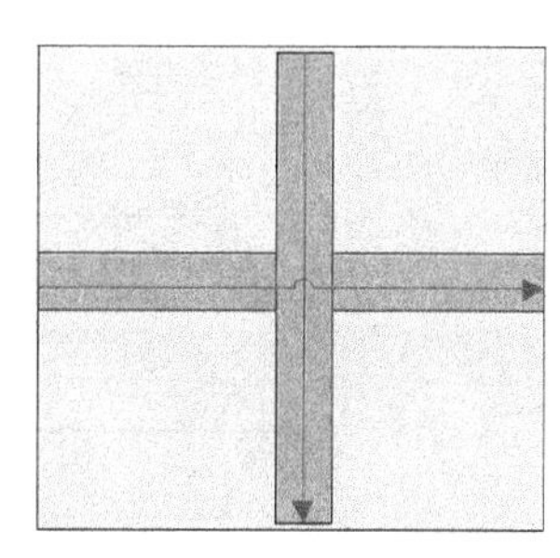
(c) 矩形块

**图8-6　3种图像数据划分方式**

在不同影像处理层次上，会采取不同的划分方式。像素级的处理并行化开支小，数据划分最简单，可根据情况任选一种划分方法；特征级的处理如线处理，最好按水平条带或竖直条带划分；在特征级和目标级的有些处理如区域处理中，要视具体问题和并行计算的支撑环境而决定采用何种划分方式。总体来说，在保证并行化的前提下，要使被划分部分之间的数据通信量最小。

并行系统执行给定的算法过程中，可能会出现某些进程的计算必须在其他进程完成之后才能进行，此时同步是必要的，同步就是保证此类情况正确实施的通信协调技术。同步也有两方面开销：一是实现同步需要所有处理机做某种检验，在此是要花时间的；二是某些处理器可能闲置，等待准许继续进行计算的消息。

## 8.2.2　云平台服务监控技术

随着数据中心的增长和管理人员的缩减，对计算机资源使用的有效监视工具的需求变得比以往更加迫切。目前，网络上比较常用的开源服务监控软件有Ganglia、Zenoss Core、Nagios、CACTI、Hyperic HQ、OpenQRM等，针对云服务软件超大数据量分布式并行的计算特点，经过充分调查对比分析，选择把Ganglia软件与本系统相集成，作为遥感云服务的后台服务监控系统。

Ganglia软件是UC Berkeley发起的一个开源实时监视项目，用于测量数以千计的节点，为云计算系统提供系统静态数据以及重要的性能度量数据。Ganglia系统基本包含以下三大部分。

Gmond：Gmond运行在每台计算机上，它主要监控每台机器上收集和发送度量数据（如处理器速度、内存使用量等）。

Gmetad：Gmetad运行在Cluster的一台主机上，作为Web Server，或者用于与Web Server进行沟通。

Ganglia Web前端：Web前端用于显示Ganglia的Metrics图表。

Ganglia是一个C/B + B/S结合的系统，整个工作过程如图8－7所示。

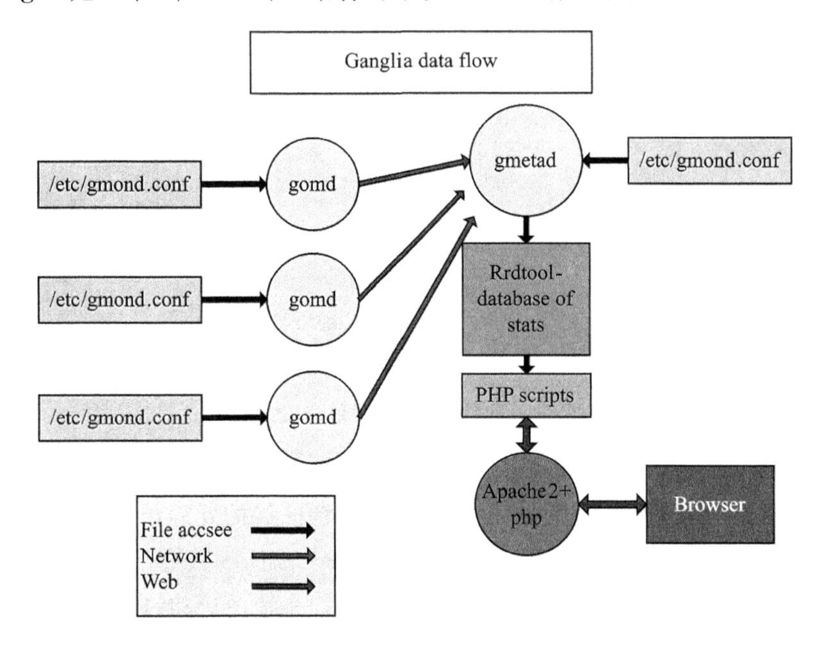


**图8－7　Ganglia软件工作流程**



（1）管理节点通过gmetad.conf配置文件中的代理节点主机列表地址和代理节点相互通信，大概3 min轮询一次。

（2）管理节点收集每个代理节点的机器运行信息，这些信息通过XML协议进行传输。

（3）管理节点收集到代理节点的XML协议后，解析成管理节点需要的数据格式。

（4）再通过管理节点的PHP程序 调用rrdtool工具，将数据转换成图形。

（5）用户在浏览器上输入管理节点的url地址就可以看见图形化的数据了。

## 8.2.3　云服务平台架构技术

基于云平台的遥感信息公共服务平台是一个虚拟化的管理系统，它通过页面管理，将资源、服务、应用和管理等集成，将同时运行的物理主机运行动态集成在虚拟化平台上，由虚拟化平台实现对这些终端操作系统的监视以及多个虚拟机对物理资源的共享。

分布式管理技术对于服务平台至关重要,分布式管理包括对分布式文件系统、分布式数据库系统和分布式用户的管理。在这个系统中,文件、数据和用户可以分布在地球的任一角落,不用看到客户或服务器,只要网络连通,就可以享用便捷有效的遥感信息服务,也可以和GIS工作流无缝连接,实现空间信息的大共享。

接口管理和封装技术需要研究服务提供端各类嵌入式终端封装、接入、调用等技术,并将服务请求端接入服务平台、访问和调用平台中服务的技术,包括支持服务终端物理设备智能嵌入式接入技术、云计算互接入技术等。

## 8.2.4　遥感数据云存储技术

云计算是一种超级的计算模式,采用分布式存储技术,可以把网络中的计算机虚拟为一个资源池,将所有的计算资源集中起来,并用特定的软件实现自动管理,使得各种计算资源可以协同工作,这就使得处理数量巨大的数据成为可能。

目前比较知名的分布式文件系统有Google File System、Hadoop(HDFS)、MogileFS、Lustre、GlusterFS等,针对遥感云服务存储特征要求,综合对比采用Hadoop(HDFS)分布式系统。

Hadoop是一个分布式系统基础架构,由Apache基金会开发。用户可以在不了解分布式底层细节的情况下,开发分布式程序。充分利用集群的性能进行高速运算和存储。简单地说来,Hadoop是一个可以更容易开发和运行处理大规模数据的软件平台。

Hadoop由HDFS、MapReduce、HBase、Hive和ZooKeeper等成员组成。其中,HDFS和MapReduce是两个最基础最重要的成员。HDFS是GoogleGFS的开源版本,一个高度容错的分布式文件系统,它能够提供高吞吐量的数据访问,适合存储海量(PB级)的大文件(通常超过64 M)。

Hadoop框架如图8-8所示。

MapReduce是云计算的核心计算模式,是一种分布式计算技术,也是简化的分布式编程模式,用于解决问题的程序开发模型。

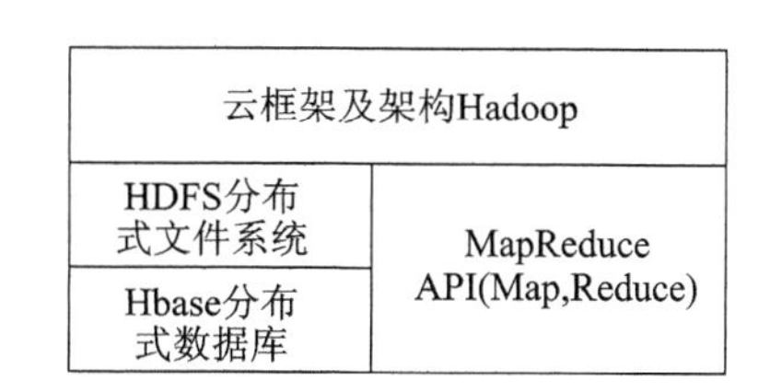


图8-8　Hadoop框架

Hadoop是一个实现了MapReduce计算模型的开源分布式并行编程框架,可以借助Hadoop编写程序,将所有编写的程序运行于计算机集群上,从而实现对海量数据的处理。此外,Hadoop还提供一个分布式文件系统(HDFS,Hadoop Distributed File System)及分布式数据库(HBase,Hadoop Database)用来将数据存储或部署到各个计算节点上。

本软件针对资源三号卫星遥感云服务特点设计的云存储模型如图8-9所示。

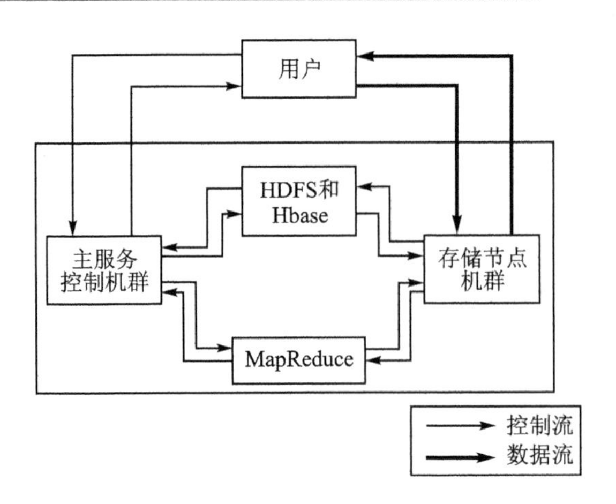


图 8－9　基于云计算的海量数据存储模型

在图 8－9 中，主服务控制机群相当于控制器部分，主要负责接收应用请求并且根据请求类型进行应答。存储节点机群相当于存储器部分，是由庞大的磁盘阵列系统或是具有海量数据存储能力的机群，主要功能是处理数据资源的存取。HDFS 和 Hbase 用来将数据存储或部署到各个计算节点上。Hadoop 中有一个作为主控的服务器(称之为 JobTracker)，JobTracker 可以运行于机群中任一台计算机上。TaskTracker 负责执行任务，必须运行于数据存储节点(称之为 DataNode)上，也是计算节点。JobTracker 将 Map 任务和 Reduce 任务分发给空闲的 TaskTracker，让这些任务并行运行，并负责监控任务的运行情况。如果其中任意一个 TaskTracker 出故障了，JobTracker 会将其负责的任务转交给另一个空闲的 TaskTracker 重新运行。用户不直接通过 Hadoop 架构读取 HDFS 和 Hbase 数据，从而避免了大量读取操作可能造成的系统拥塞。用户从 Hadoop 架构传给主服务控制机群信息后，直接和存储节点交互进行读取操作。



## 8.2.5　云服务数据安全技术

公共信息服务涉及大量信息的交换、共享和数据的传输，如何保证安全可靠的传输并提高传输效率是保证系统高可用性的关键。通过信息交换与共享平台，对安全管理进行专门设计，完善安全认证机制，按照国家有关安全保密的标准、法律法规和文件精神要求，采用分域分级防护策略，从物理安全、运行安全、信息安全保密和安全管理 4 个层面进行计算机信息系统分级保护和等级保护建设，实现全网统一的安全保密监控与管理，并针对各种异常情况提供完善的处理机制，为网络环境下海量数据并发传输提供较为可靠高效的保障，同时通过建立良好的平台安全保护机制，确保意外突发事故后能以最快的速度使其恢复工作和运行。

1) 遵循关于数据安全的“保密性、完整性、可用性、真实性、授权、认证和不可抵赖性”原则，制定贯穿遥感数据和信息产品生命周期的安全策略，其中包括数据存放位置管制、数据删除技术、数据备份和恢复重建、数据发现等技术。

2）建立包括防火墙，杀病毒软件，入侵检测和防御设备，以及用户数据加密、文件内容过滤等多层次防御体系。

3）重视网络稳定性的因素，预先提供一定的预防措施。包括在企业本地也提供一个数据的完整副本等。

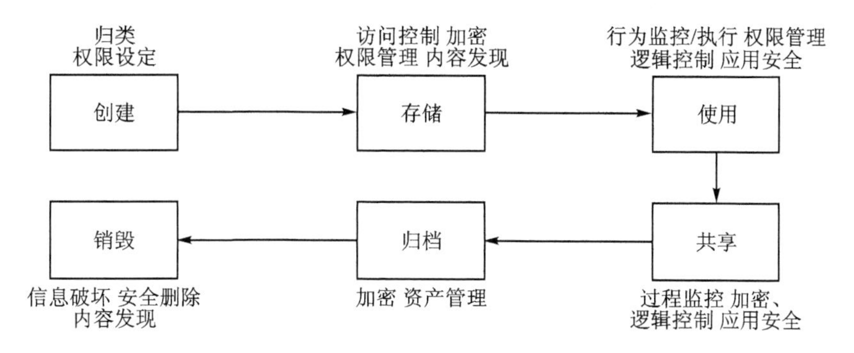


图8-10 云服务安全管理流程图

## 8.3 系统功能设计

整个系统按照软件形态分为客户端人工交互软件和后台自动运行可执行程序等两大类，每类所包括的功能模块如图8-11所示。

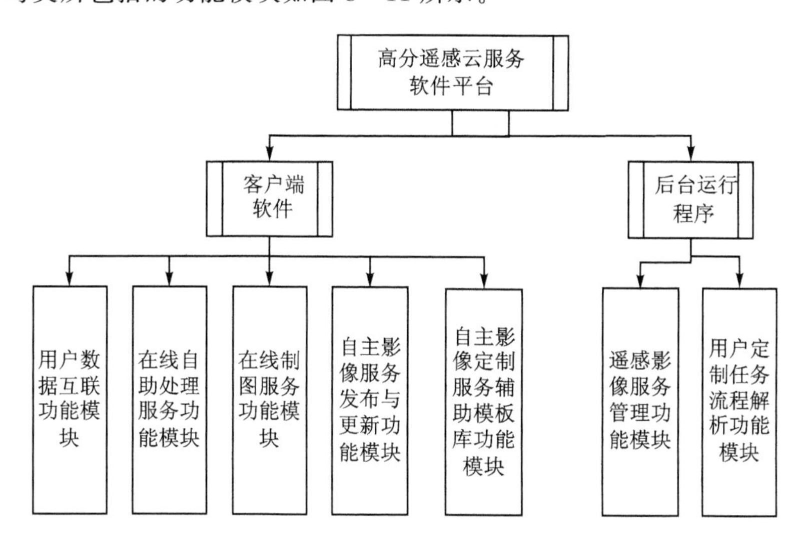


图8-11 资源三号卫星遥感云服务软件平台功能结构图

## 8.3.1 用户数据互联模块

用户数据互联功能模块主要是对用户上传的数据在线接收与网络传输、格式解析、整合、后台管理以及可视化展示。

### 8.3.1.1 功能介绍

用户数据互联流程图如图 8－12 所示。

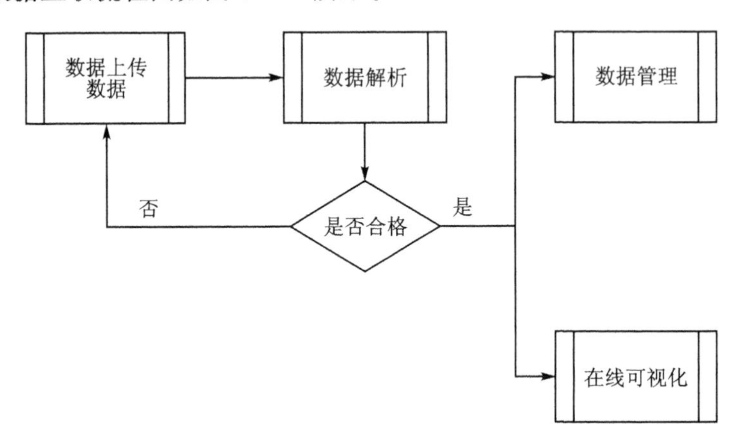


图 8－12 用户数据互联流程图

**1. 用户数据上传和接收**

提供用户将本地数据上传至服务器的功能，以界面的方式引导用户。首先选择数据类型，包括 4D 数据产品、文本数据、统计数据、标记语言文件、三维模型数据；然后填写数据名称、描述等数据相关说明和辅助信息，如果是 4D 数据产品还要填写相应的产品类型、获取卫星名称、数据格式、波段信息、获取时间、空间分辨率、比例尺、空间范围、投影方式和质量评价等信息；最后上传数据。用户数据上传完成后将暂存至服务器的用户工作空间。

需要注意的是上传的数据必须在系统允许的数据格式范围内，对于不满足要求的数据自动弹出提示说明建议用户检查数据后重新上传。

允许用户上传的数据格式如下：

➤ 4D 数据产品，包括：

(1) 数字线划图(DLG)，如：ArcGIS 数据(如：Shapefile 格式、E00 通用交换数据格式、Coverage 数据格式等)、MapInfo 数据(如：MIF/MID 格式)、AutoCAD 数据(如：DWG 格式、DXF 格式)等；

(2) 数字栅格地图(DRG)；

(3) 数字正射影像图(DOM)：非资源三号卫星影像的其他影像数据及其对应元数据，如：Tiff、GeoTiff、JPEG、Image 等；

(4) 数字高程模型(DEM);

➢ 文本数据,包括:TXT 文本书件、WORD 文档等;

➢ 统计数据,包括:EXCEL 文件、ACCESS 文件等;

➢ 标记语言文件,包括:XML、GML、KML 等;

➢ 三维模型数据,包括:

1) 3DS Max 数据(*.3ds);

2) OpenFlight 格式(*.flt);

3) SkechUp 数据(*.skp);

4) VRML 数据(*.wrl)等。

**2. 用户数据解析**

数据解析是用户上传数据之前,系统自动检验数据的规范化,包括检验数据的基本信息是否正确以及数据质量是否符合系统要求。如不满足,系统自动弹出解析结果信息,提示用户检查后重新上传。

检验标准包括:

(1) 数据类型及大小(影响数据处理机制);

(2) 数据是否是空数据;

(3) 是否符合数据自身格式的描述;

(4) 数据本身是否完整;

(5) 是否具备空间信息。

**3. 用户数据在线可视化**

对于满足解析要求的用户影像数据可直接通过立体影像空间信息共享与服务子系统进行可视化展示。

**4. 用户数据关联与整合**

针对不同格式的正射影像和数字高程模型建立相应的在线快速浏览机制。用户上传数据之后,提供影像快速浏览界面,使用户对上传的数据进行及时的预览,快速掌握数据的大小、范围和质量,判断上传错误与否。

**5. 用户数据后台管理**

提供多种用户数据管理方式,可选择按名称、数据类型、数据位置范围、专题产品应用行业、数据共享与否等模式对数据进行管理,提高数据的查询效率,保护数据的安全性。

#### 8.3.1.2　模块性能

支持多种数据格式解析,包括 SHP、KMZ、DXF、IMG 等空间数据,EXCEL、ACCESS 等统计数据以及 XML、GML、KML 数据等。

## 8.3.2 影像在线自助处理服务模块

影像在线自助处理服务模块为用户提供多种影像产品的处理、制作功能。主要负责基于用户上传数据与资源三号卫星影像的整合数据的产品定制/服务，实现预设的常规影像在线处理、专题应用产品在线处理、基于产品模板在线处理、产品在线定制输出、统计报表在线制作，以及用户定制产品辅助信息的查看及输出。

### 8.3.2.1 技术路线

如图8-13所示，本模块技术路线最低端是遥感云存储，再上层根据用户任务类型分两种实现形式，对于格式转换、影像校正、镶嵌、融合、裁切等功能需要后台服务器进行分布式大量并行计算，采用condor作业调度系统。Condor提供了队列机制，时序安排策略，优先级方案，以及资源分类。用户把计算任务提交给Condor，Condor会把这些任务放入一个队列，运行它们，然后向用户通报结果。对于图像增强、变换、滤波、放大缩小等功能，用户提交任务后需要在浏览器快速显示，而不要调用后台服务器，采用在线快速处理模块实现。执行结果由web service公共接口通过APP程序设计，采用Java script最终在客户端浏览器体现。

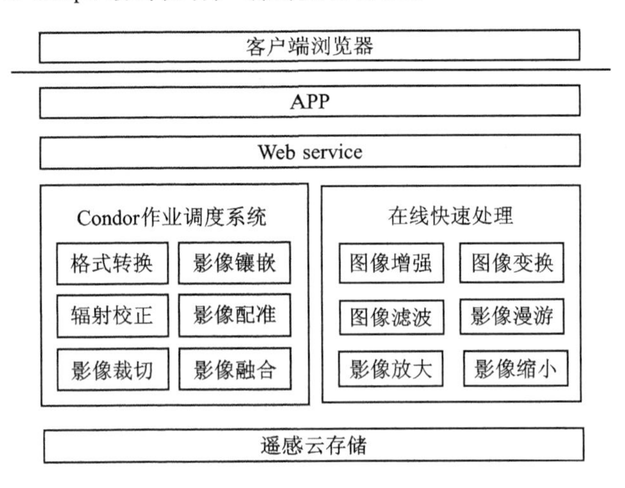


图8-13 在线自主处理模块实现技术路线

### 8.3.2.2 主要技术方法

**1. 辐射校正**

遥感图像的大气辐射校正问题是遥感定量化研究的主要难点之一。大气校正的理论方法是指根据大气状况对遥感图像测量值进行调整，以消除大气影响，这就要求估算地气系统的辐射状况及大气的光学参数。大气状况可以是由图像本身进行反演的结果，也可以是标准模式大气或地面实测资料。

基于图像的方法是根据影像本身来估计大气辐射影响，寻求卫星测量的表观反射率和地面反射率的关系。这类方法要求已知或假定图像中某类像元的反照率值，并且假定整幅图像具有同样的大气条件，因而能够将这个关系用到整幅图像中。这类方法有黑体目标法（Dark-Object Method）、暗目标减法（Dark-Object Subtraction），直方图均衡法（Histogram Matching Method）、固定目标法（Invariant-Object Method）、对比度减少法（Contrast Reduction Method）等。

基于辐射传输方程方法是利用电磁波在大气中的辐射传输原理建立起来的模型对遥感图像进行大气校正，此类方法较基于图像方法的精度更高。其基本原理就是应用辐射传输方程来估算地气系统辐射场，关键是选择合适的大气物理参量，如大气温度、气压及水汽、臭氧等气体成分。应用广泛的大气较正模型有近 30 个，如 6S（Second Simulation of the Satellite Signal in the Solar Spectrum）、MORTRAN（Moderate Resolution Transmission）模型、LOWTRAN（Low Resolution Transmission）模型、大气去除程序 ATREM（The Atmosphere Removal program）、TURNER 大气校正模型、空间分布快速大气校正模型 ATCOR（A Spatially-Adaptive Fast Atmospheric Correction）等。

6S 模型是 1996 年由法国大气光学实验室（Laboratoire d'Optique Atmospherique）在 5S 模型基础上开发出来的（Vermote E F. etal，1997），能准确模拟太阳—目标物—传感器路径上的大气影响，它适合于可见光-近红外（0.25～4 μm）的多角度数据。该模型考虑了地表非朗伯体情况，解决了地表 BRDF 与大气相互耦合的问题，通过使用较为精确的近似方程以及称之为"Successive Order of Scattering"（SOS）的算法提高了瑞利散射和气溶胶散射的计算精度。许多研究证明该模型的计算精度比其他模型高，而且计算时间快。

6S 传输模型法大气校正适用于可见光-近红外（0.25～4 μm）的多角度数据。它对不同情况下（不同的遥感器，不同地面状况）太阳光在"太阳—地面目标—遥感器"整个传输路径中所受到的大气散射、吸收、反射等影响进行了校正。

传输模型大气校正中需要输入的主要参数有：

- 几何条件，时间参数、太阳天顶角、太阳方位角。
- 大气模型，大气参数，包括水汽、臭氧含量等参数。若缺乏精确的实况数据或难于获取等，则可根据卫星数据的地理位置和时间，选用 6S 提供的标准模型来替代，如"中纬度夏天"、"中纬度冬季"模型的标准大气组分等。
- 气溶胶参数，包括水分含量以及烟尘、灰尘等在空气中的百分比等参数，若缺乏精确的实况数据，可以选用 6S 标准模型来替代，如用"大陆"、"城市"、"沙漠"模型来描述标准大气的气溶胶成分等，气溶胶厚度一般可用当地的能见度参数表示。
- 高度条件，观测目标的海拔高度及遥感器高度。
- 领域参数，包括进行领域分析的开窗半径和像素间隔。

**2. 正射校正**

(1) 严格轨道模型正射校正

严格轨道模型正射校正为建立传感器严格成像方程,根据轨道辅助参数、星历姿态辅助参数、控制点参数求解严格成像方程。所以说,严格轨道模型正射校正需要获取卫星状态的辅助信息。

(2) RPC模型正射校正

正射校正模型通常分为严格几何模型和广义传感器模型两大类。作为摄影测量学首选的严格几何模型尽管校正精度高,但是解算复杂,需要姿态信息等数据。而且因为某些商业原因,传感器的核心信息和卫星轨道参数并未公开,传统的严格几何模型不再适用,这就意味着必须寻找其他可替换的模型来解决实际问题,其中发展最快、应用最广和最具代表性的便是有理函数(Rational Polynomial Coefficient, RPC)模型。

**3. 图像增强**

(1) 影像自适应增强与平滑

影像质量增强主要是影像自适应平滑和影像对比度的自适应增强。

影像自适应平滑可以消除影像噪声,并且克服传统平滑算法中不能保边缘的缺陷。如图8-14是自适应影像平滑的效果图。影像对比度自适应增强可以达到增强影像对比度和突出边缘的效果,如图8-15所示。

(a) 原始影像

(b) 自适应平滑处理后影像

**图8-14 影像自适应平滑效果对比图**

(2) 单幅影像匀光

对单幅影像亮度分布问题的处理(也称影像匀光处理),目前主要的解决方法有两种:一是基于影像的成像模型对亮度分布不均匀问题进行处理。这类方法主要根

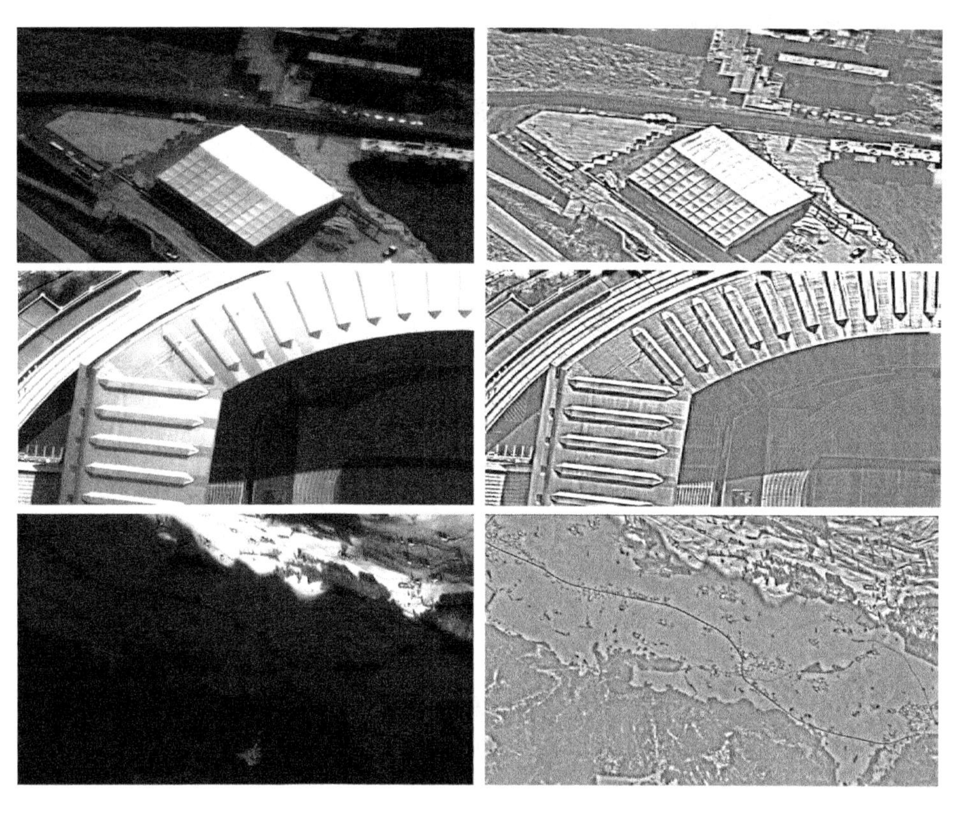

图 8－15　影像对比度自适应增强效果图

据在局部区域获得的采样值,用数学模型来拟合场景范围内亮度变化的趋势。二是利用低通滤波方法对影像进行匀光处理。

(3) 多幅影像匀色

对影像之间色调差异问题的处理(也称为影像匀色处理),目前广泛使用的方法有线性变换法、方差-均值法、直方图匹配法等。线性变换的优点是可以从整体上同时考虑区域范围内多影像的色彩一致性处理,便于质量控制,处理的结果不依赖于影像的顺序,缺点是不能很好地反映航空影像非线性的特点,尽管能确保整体色彩的一致性,但对局部区域,色彩差异可能仍然存在。线性变换法对灰度分布复杂的影像还容易引起颜色畸变。方差-均值法的理论依据是两幅影像具有最小二乘意义上的灰度差异,该处理方法通常会降低待处理影像的局部对比度。直方图匹配也称为直方图规格化,从统计意义上调整两幅影像的灰度分布,使其尽量接近,但如果影像某些灰度级别的分布过于集中,则容易出现颜色畸变。利用最小二乘方法解决影像间的色调差异问题,不仅能够消除相邻影像之间的局部色差,而且也能够很方便地利用色调基准控制影像的全局色调。

**4. 海量数据快速拼接、裁剪**

(1) 生成接缝线网络

接缝线网络是各单独的接缝线相互连接而形成的网络。接缝线网络一方面起到划分所有正射影像覆盖范围的作用，另一方面，它是随后进行的羽化和色彩过渡处理的基础。在生成 Voronoi 多边形之后，计算每两个相邻的 Voronoi 多边形的公共边，就得到每一段接缝线。各段接缝线彼此相连就构成了初始的接缝线网络，它实际上是所有 Voronoi 多边形中除开影像有效范围边界的 Voronoi 边的集合。在获得初始的接缝线网络后，还需在此基础上同时构建每段接缝线与 Voronoi 多边形(也就是有效镶嵌多边形)、影像以及重叠区域之间的拓扑关系、从属关系，即确定每段接缝线相邻的有效镶嵌多边形，每个有效镶嵌多边形所属的影像，以及每段接缝线所属的重叠区域，每个重叠区域相关的影像等，为后续的接缝线网络优化和镶嵌处理奠定基础，使得在进行接缝线网络和镶嵌处理时可以方便地获得相关的影像、重叠区域、接缝线以及有效镶嵌多边形。

图 8-16 为初始的接缝线网络示意图。

**图 8-16　初始的接缝线网络示意图**

(2) 基于模板的镶嵌羽化处理技术

利用镶嵌线对影像进行镶嵌时，需要解决镶嵌线附近的色差羽化过渡问题，即使进行影像匀光匀色处理后，在镶嵌线附近的不同影像依然会存在一定的颜色差异，这种差异对部分地物比如水面，道路等表现得尤其明显，需要进行颜色过渡处理。为此，本书采用了基于模板的镶嵌羽化处理技术。基于模板的羽化方法可简单可靠地解决镶嵌过程中的羽化问题。图 8－17(a)所示为两张待镶嵌正射影像的镶嵌线，首先构造镶嵌模板，根据填充原则将模板进行初始化，公式为：

$$f(x,y)=\begin{cases}255\cdots\cdots if(x,y)\in R\\ 0\cdots\cdots if(x,y)\notin R\end{cases}$$

式中，$f(x,y)$为模板上$(x,y)$处的灰度值，$R$ 代表当前影像在最终镶嵌正射影像上的有效填充像素的集合。镶嵌模板初始化的结果如图 8－17(b)所示，初始模板上的黑白区间没有过渡区域。

将初始化后的镶嵌模板进行卷积处理，卷积核可利用均值核或者高斯平滑核卷积核的尺寸即为羽化过渡区域的宽度，图 8－17 (c)为利用尺寸为 15×15 均值模板对初始化后的镶嵌模板进行卷积处理后的结果，处理后模板上的黑白区间有了平缓的过渡区域。最终的镶嵌正射影像上像素值的计算公式为：

$$f(x,y)=\sum_{i\in A}\frac{f_i(x,y)\cdot p_i(x,y)}{255}$$

式中，$f(x,y)$为镶嵌成果上$(x,\ y)$处的像素值(如果是彩色影像，需要分波段计算)，$A$ 为能覆盖$(x,\ y)$的待镶嵌影像的集合，$f_i(x,y)$为第 $i$ 张影像上$(x,\ y)$处的像素值，$p_i(x,y)$第 $i$ 张影像的镶嵌模板影像上$(x,\ y)$处的像素值。图 8－18 (a)、(b)分别为两张正射影像镶嵌时羽化前后的效果示例，从图中可以看到，羽化前水面上的镶嵌过渡生硬、明显(图 8－18(a))，羽化后的镶嵌过渡比较平滑(图 8－18(b))。

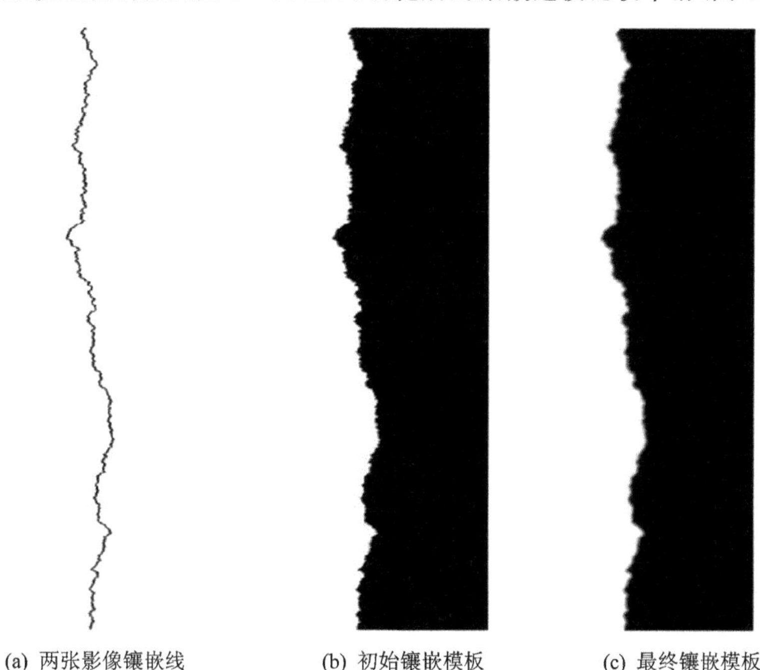

(a) 两张影像镶嵌线　(b) 初始镶嵌模板　(c) 最终镶嵌模板

**图 8－17　两张影像的镶嵌线与羽化镶嵌模板**

(a) 不进行羽化的镶嵌结果

(b) 进行羽化的镶嵌结果

**图 8-18　羽化过渡前后的镶嵌效果对比**

### 5. 图像融合

本模块支持多种影像数据融合方法，并且支持批处理和并行运算。对于不同数据适合的融合算法如表 8-1 所列。

**表 8-1　不同地物类型适用的融合方法比较**

| 地物类型 | 地物特征 | 建议适宜方法 | 备　注 |
| --- | --- | --- | --- |
| 建筑区 | 纹理细碎，结构明显，边缘清晰，层次感强 | Brovery、HIS | 要求 SPOT 增强不能过大，否则丢失细小信息 |
| 山地 | 宏观性强，表现整体结构，纹理忌细碎 | PCA 融合 | SPOT 增强不能过强，不能破坏宏观性 |
| 裸露 | 表现亮色突出，整体边缘比较明显 | Brovery | |
| 园、林地 | 易与其他植被混淆，分布较分散，光谱较模糊 | HIS | |
| 农田 | 纹理规则，色调均一，分布成片，面积广 | Brovery | |
| 水体 | 光谱敏感，与周围地物分离，色调均一 | HIS、PCA | 面状水体可以区分出深浅 |
| 线形地物 | 光谱反应明显 | 乘积复合变换 | SPOT 增强宜参考其他地物，否则线形地物增强会导致其他地物损失 |

### 8.3.2.3　影像在线自助处理功能模块结构图

在线自助处理服务功能模块结构图如图 8 - 19 所示。

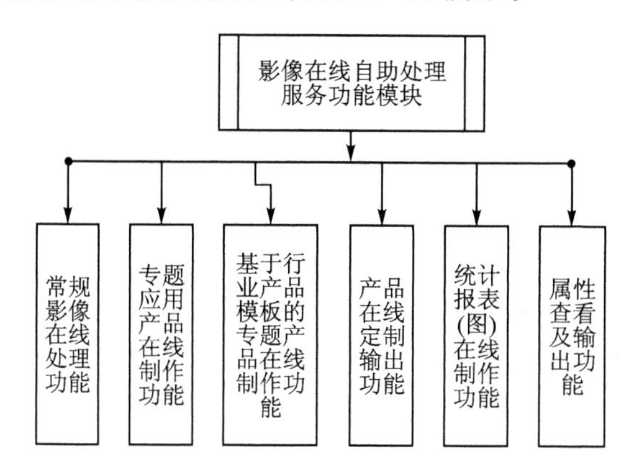


**图 8 - 19　在线自助处理服务功能模块结构图**

### 8.3.2.4　影像在线自助处理服务功能模块功能介绍

**1. 常规影像在线处理**

常规影像在线处理是遥感云服务提供的一种服务器端的影像处理技术，将用户上传数据与订购的资源三号卫星数据有效整合生成基本影像增值产品，实现包括格式转换、辐射校正、几何校正、影像增强、影像镶嵌、裁切、影像融合等常规图像处理功能，如图 8 - 20 所示。

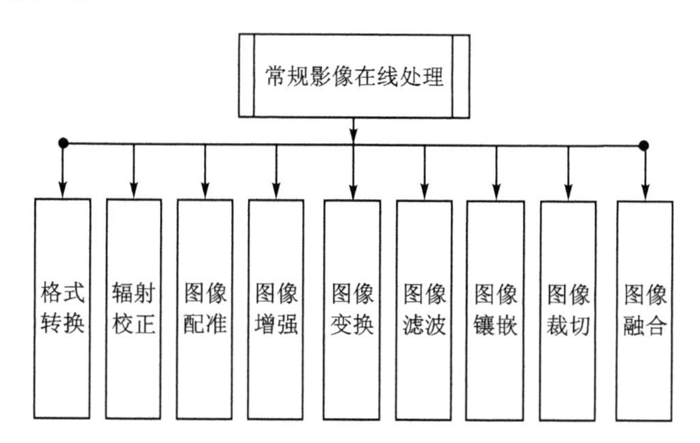


**图 8 - 20　在线自助处理服务功能模块结构图**

(1) 格式转换

采用 FME Server 软件的格式转换功能，实现用户上传数据和订购的资源三号卫星数据的海量数据在线格式转换。数据格式转换包括矢量数据格式转换、影像数据格式转换、DEM 数据格式转换。支持数百种国内外主流空间数据和遥感影像格式的相互转换。

（2）辐射纠正

该模块提供了6S辐射传输查找表自动大气校正方法，同时提供了辐射定标、表观反射率计算两种功能。

系统根据像元所处的经纬度和季节，查找LUT表中对应的大气校正参数进行影像的自动大气校正。同时，用户也可以根据传感器特点设置不同的模型参数，以及根据研究区域特点设置不同的几何条件、大气模型、气溶胶模型等参数进行大气校正。在拥有精确的气溶胶实况数据时，可进行气溶胶的反演，将反演的气溶胶光学厚度直接应用于大气校正。

辐射定标又称传感器探测元件归一化，是消除传感器的灵敏度等特性引起的辐射误差。辐射定标通过对卫星传感器测量到的原始亮度值进行归一化处理得到大气外层表面反射率，即辐射亮度，其目的是降低或消除由于传感器中各个探测元件间存在差异而使得传感器探测数据图像上出现一些条带。当辐射定标方法不能消除这些传感器灵敏特性影响时，可以用一些统计模型如直方图均衡化、均匀场景图像分析等方法消除。

表观反射率是将辐射定标得到的辐射亮度值转换为大气表观反射率的过程。一般来说，要完成大气校正，必须先进行辐射定标。表观反射率是辐射定标的结果之一。因此可以认为表观反射率计算是大气校正的前期准备。

（3）影像配准

A）几何校正

提供几何多项式校正、TIN校正等多种几何校正方式，可手动选择控制点或导入已有外部控制点文件，并支持多种卫星模型的坐标预测功能。

B）正射校正

正射校正支撑ZY3、Ikonos、GeoEye、QuickBird、WorldView、Spot5、P5、ALOS、TM等多种传感器轨道模型，分为无控制点和有控制点两种校正模式，通过读取影像传感器高度、太阳高度角、方位角等参数信息，实现加入DEM信息的正射校正功能。

（4）图像增强处理

图像增强处理功能包括一些常规的图像增强方法，有选择地突出便于人或机器分析某些感兴趣的信息，抑制一些无用的信息，以提高图像的使用价值。另外针对资源三号卫星遥感影像数据特点，设计相应算法，解决如条带噪声、影像色调不均一等问题，同时，实现阴影校正、薄云去除等功能。具体包括线性拉伸、直方图均衡化、直方图正态化、直方图规定化、对数增强、指数增强、阴影去除、薄云去除、条带噪声去除等。

不同影像数据的增强方法首先与其量化级别相关，针对8位和16位影像系统能够自动完成直方图的统计与拉伸。

(a) 8 位影像的增强及拉伸

8 位影像数据增强前后的效果如图 8 - 21 所示。

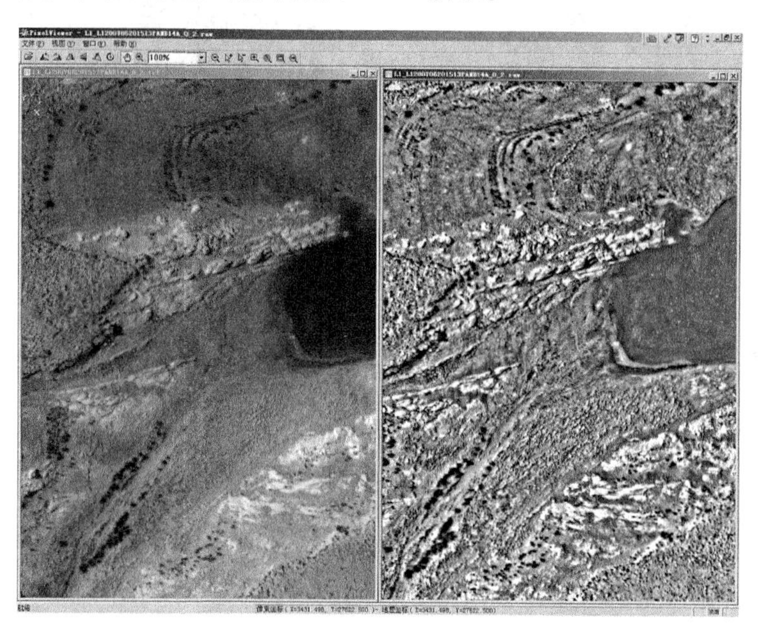

**图 8 - 21　原始影像(左)和影像增强后的影像(右)**

(b) 16 位遥感影像的增强及拉伸

16 位遥感影像的增强及拉伸如图 8 - 22 所示。

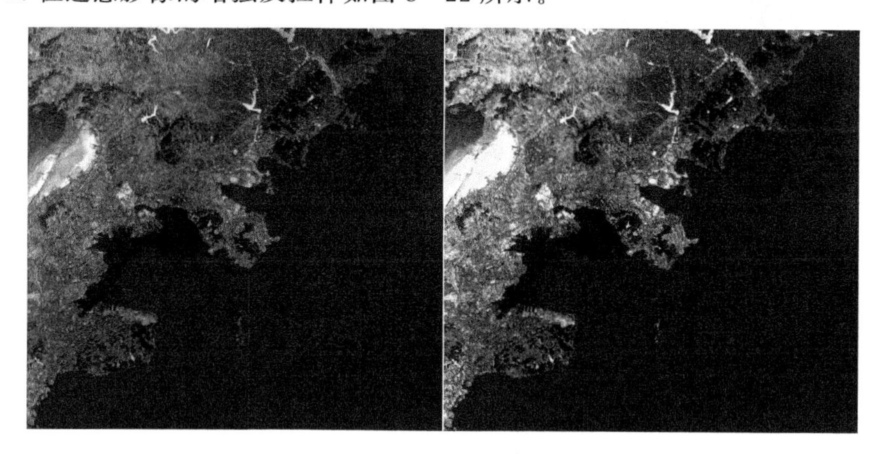

**图 8 - 22　原始影像(左)和影像增强后的影像(右)**

(c) 基于频率域匀光

利用频率域的低通滤波方法得到原始影像的背景影像后,利用原始影像与低通滤波结果执行相减操作,即可得到亮度分布改善的影像,其处理效果如图 8 - 23 所示。

(a) 原始影像1　　(b) 原始影像2　　(c) 原始影像3

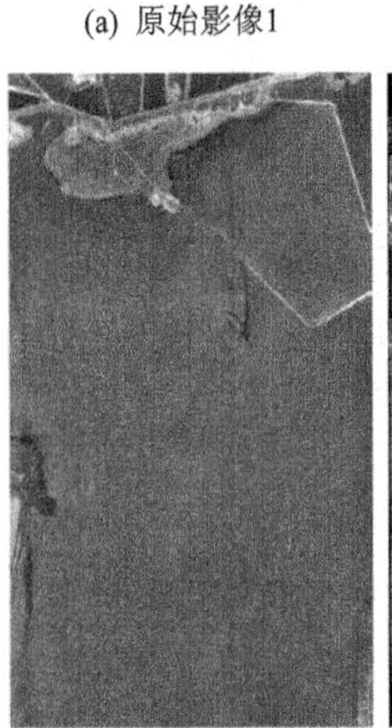

(d) 影像1的匀光结果　　(e) 影像2的匀光结果　　(f) 影像3的匀光结果

**图 8-23　原始影像与相除匀光的处理结果**

(d) 基于 wallis 滤波匀色处理

Wallis 变换是一种比较特殊的线性滤波器，实际上，它是一种局部影像变换，该变换使不同的影像或影像不同位置的灰度方差和均值具有近似相等的数值。基于 Wallis 滤波器的匀色处理效果如图 8-24 所示。

(5) 图像变换

图像变换能够有效突出图像相关的专题信息，提高图像的视觉效果。主要包括主成分变换、彩色空间变换、MNF 变换、缨帽变换、傅里叶变换、小波变换及其他的逆变换。

(6) 图像滤波

图像滤波主要是对图像空间特征的增强，实现图像的平滑和锐化，或增强某个方

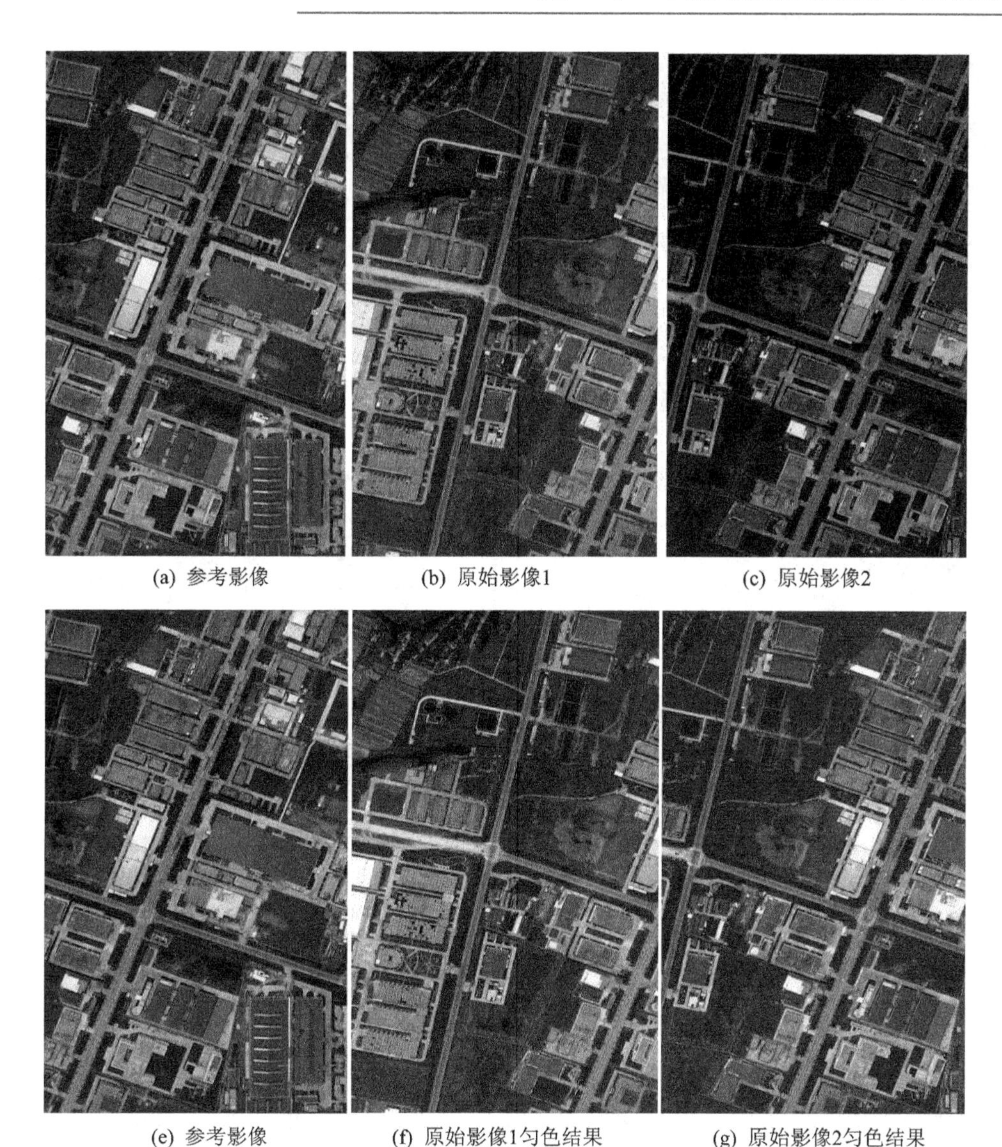

(a) 参考影像　(b) 原始影像1　(c) 原始影像2

(e) 参考影像　(f) 原始影像1匀色结果　(g) 原始影像2匀色结果

**图 8－24　影像 Wallis 滤波处理前后效果图**

向的纹理信息。主要包括常用滤波、自定义滤波、均值滤波、中值滤波、微分锐化、定向滤波、USM 锐化等。

（7）图像镶嵌

本模块提供海量数据的影像镶嵌功能，采用基于模板的镶嵌羽化处理技术来解决拼接线处的色调自然过渡。基于模板的羽化方法可简单可靠地解决镶嵌过程中的羽化问题。处理流程如图 8－27 所示。

可进行如下操作：

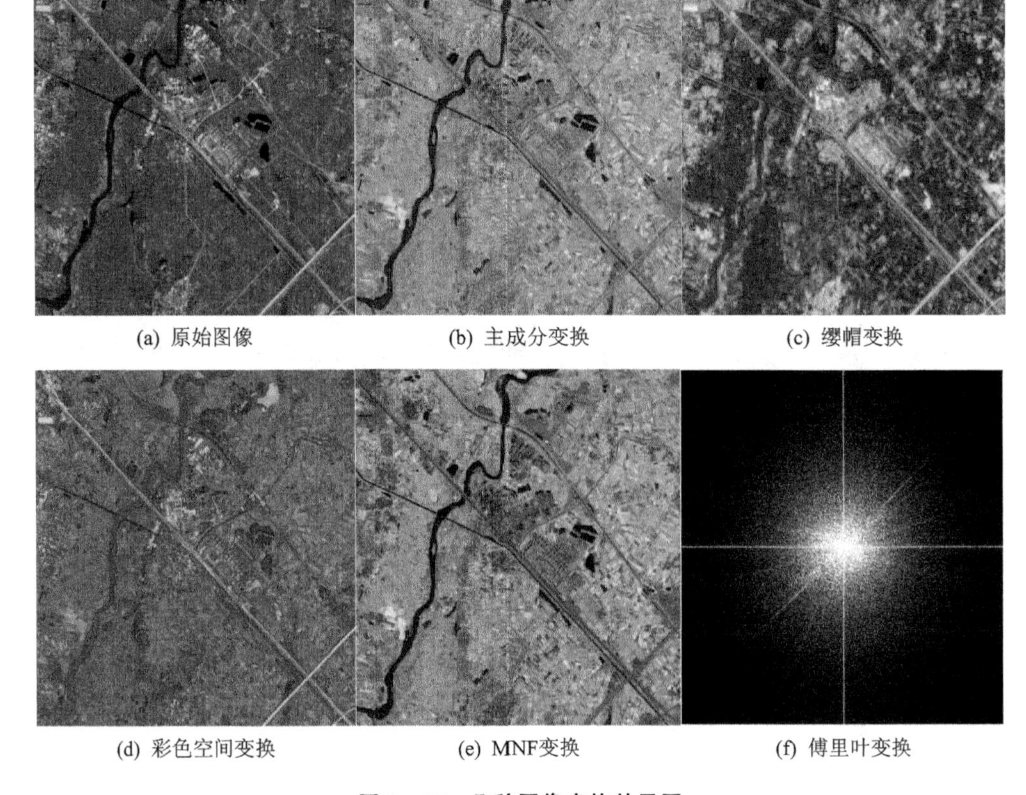


**图 8－25　几种图像变换效果图**

(a) 提取影像有效边界

为避免纠正后影像的背景色影像数据镶嵌效果，在影像镶嵌前必需提取影像的有效边界，本模块采用自动边界提取技术，自动进行影像有效区域的提取。

(b) 接边线自动生成

有提高影像的镶嵌效率，本模块采用面 Voronoi 多边形生成技术，自动生成接边线。采用自动生成的接边线与镶嵌技术相结合，快速完成影像制作任务。

(c) 影像融合显示

自动镶嵌中采用图像分割和边缘追踪技术解决了影像图上无效边界的自动检测功能，使得在自动镶嵌过程中能够自动避开无效区域的拼接。

同时在自动拼接过程中提供了一个海量正射影像按照地理坐标位置自动显示功能，能够对海量的正射影像进行 Alpha 融合显示，使得叠置的上下影像能够以融合方式进行显示，并且还提供了无极缩放等功能，如图 8－28 所示。

(d) 手工编辑

对于特殊区域，自动生成的镶嵌线无法满足数据镶嵌的要求时，可人工编辑镶嵌

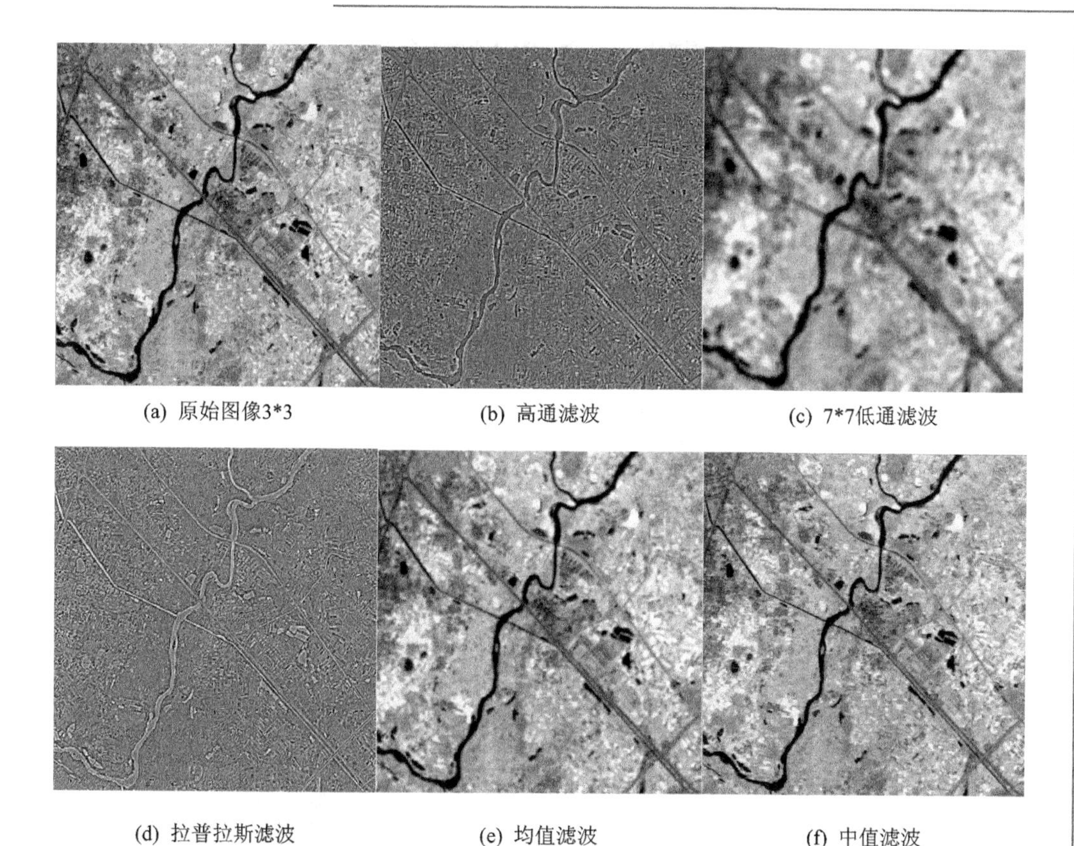

(a) 原始图像3*3　(b) 高通滤波　(c) 7*7低通滤波

(d) 拉普拉斯滤波　(e) 均值滤波　(f) 中值滤波

**图 8－26　几种图像滤波效果图**

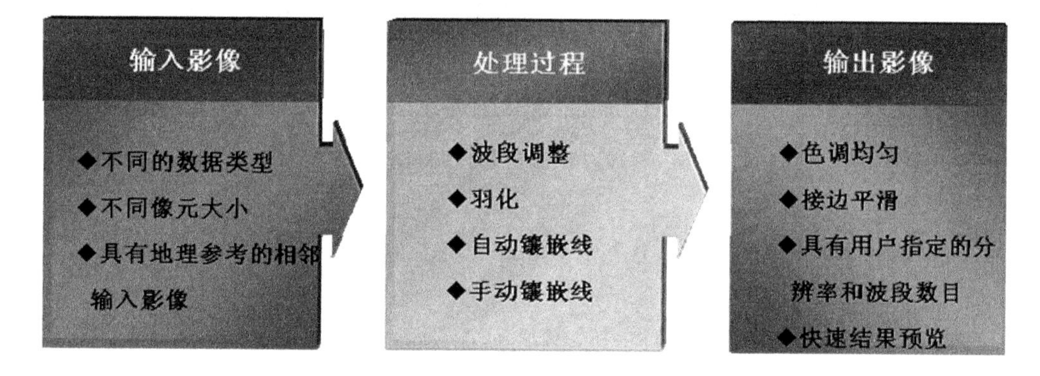


**图 8－27　图像镶嵌处理流程图**

线到正确的位置。

人工编辑镶嵌可在所有镶嵌及影像全部显示的情况下进行编辑，加之影像融合显示技术，使得镶嵌编辑时根据各相邻影像的关系及数据情况，选择质量最佳的影像作为最终成果。图像镶嵌前后对比图如图 8－29 所示。

图 8 - 28　海量正射影像自动按照地理坐标进行 Alpha 融合显示效果图

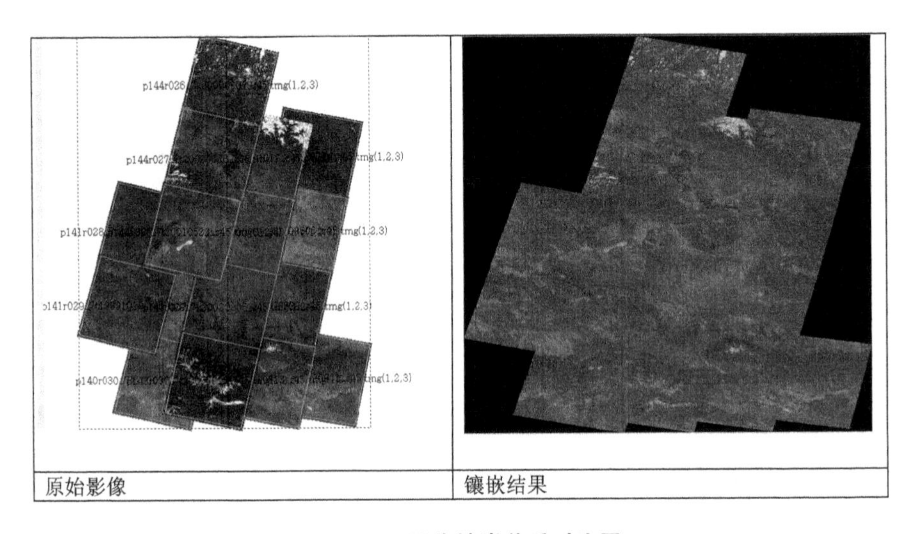


图 8 - 29　图像镶嵌前后对比图

(8) 影像裁切

海量数据的快速裁切处理,裁切方式包括基于矢量数据、基于影像数据和基于自定义多边形等。

规则区域裁切,裁切图像的边界范围是一个矩形,通过左上角和右下角两点的坐标,即可以确定图像的裁切位置,即标准分幅裁切。

不规则区域裁切(即多边形裁切),裁切图像的边界范围是任意多边形,需事先生成一个完整的闭合多边形区域,然后根据该多边形的边界范围确定图像的裁切位置,完成不规则区域的裁切功能。

影像裁切功能的主界面如图 8 - 30 所示。

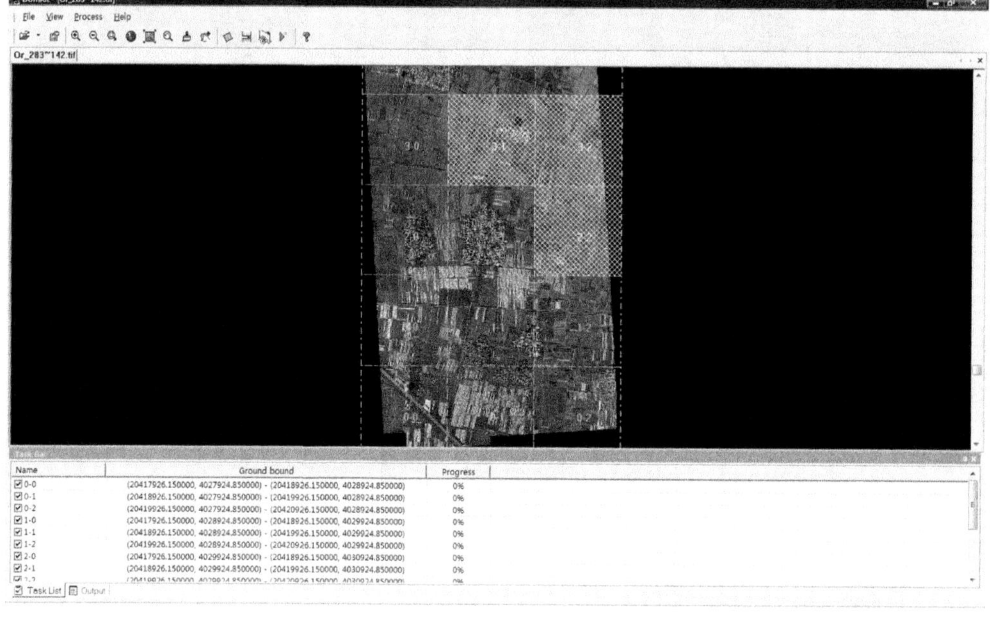

图8-30　图幅裁切功能主界面

（9）影像融合

图像融合是一个对多遥感的图像数据和其他信息的处理过程。图像融合的目标在于提高图像空间分辨率、改善图像几何精度、增强特征显示能力、改善分类精度、提供变化检测能力、替代或修补图像数据的缺陷等。图像整合的关键技术包括：数据配准和融合方法的选择，其中，要根据实际需要和融合目的选择合适的融合方法，按照各种方法的原理和步骤进行融合。本模块提供的融合方法有：IHS彩色变换、乘法复合、Brovey变换、PCA融合、小波变换、乘法复合变换、颜色保真变换、SFIM和Block-Regression。

处理流程包括：

（a）数据输入

模块支持不同数据源的各类数据的融合，输入数据的全色和多光谱必须是经过严格配准的数据。

若影像未匹配也可在正射影像制作中先进行配准，然后再进行影像融合。

输入的数据格式为常见的多种数据格式，若格式不一致也可在转换模块里进行转换。

（b）影像融合

模块支持多种影像融合方法，有针对性地选择数据融合方法对于提高融合后的影像质量具有重要影响，如图8-31所示。

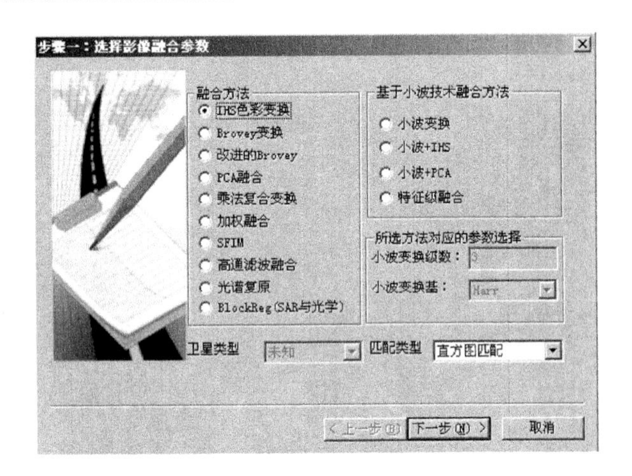


图 8－31　影像融合界面

(c) 成果输出

融合结果影像可以输出为多种格式，包括 GeoTIFF、TIFF、Erdas IMG 等。

**2. 专题应用产品在线制作**

根据用户需求，基于用户订购的资源三号卫星影像数据进行专题应用产品的在线制作。基于用户上传数据与资源三号卫星影像的整合，生成植被指数 NDVI、影像分类产品、三维可视化产品等影像专题产品，另外通过软件可以再 DEM 上计算一些地形模型，包括坡度图、坡向图等，如图 8－32 所示。

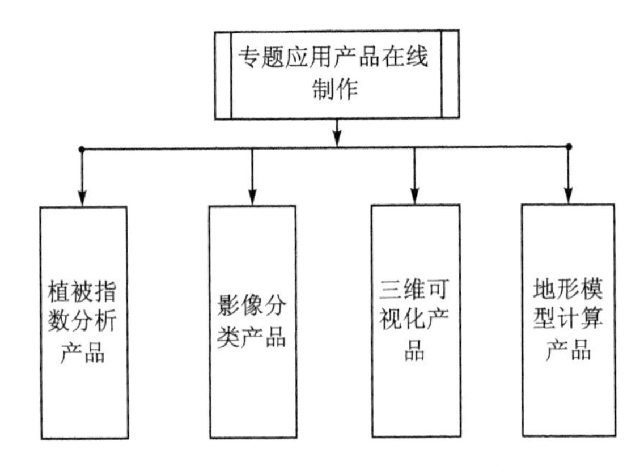


图 8－32　在线自助处理服务功能模块结构图

(1) 植被指数分析

本软件为用户提供比值植被指数(RVI)、归一化植被指数(NDVI)、差值环境植被指数(DVIEVI)、调整土地亮度的植被指数(SAVITSAVIMSAVI)、绿度植被指数(GVI)等多种植被指数分析功能，不同程度地突出植被信息，用户根据实际应用选择相应植被指数计算，从而生成行业应用专题产品。

(2) 影像分类

资源三号卫星遥感云服务软件为用户提供监督分类、非监督分类及面向对象分类方法，制作不同类型的影像分类专题产品

(a) 监督分类

软件可以方便地在已知类别的训练场上提取各类别训练样本，通过选择特征变量、确定判别函数或判别式(判别规则)，进而把图像中的各个像元点划归到各个给定类，实现监督分类。

(b) 非监督分类

提供两种非监督分类方法：迭代自组织分类(ISODATA)和K均值分类。

(c) 面向对象分类

支持规则分类、决策树分类的面向对象分类方法，基于典型人工地物和自然地物的光学特性，研究自动和半自动的地物要素提取技术，得到线状或面状地物要素。

具备以下功能及特点：

分类精度较传统分类方法有了较大的提高，并且分类结果可以消除由于光谱细小差异或混合像元造成的细小碎斑；

方便的手动分类，针对部分在影像目视解译区难以区分出来的地物信息，可以在外业调查后用手动的方式把难以区分的地物归并分类；

分类后的结果可以以分类栅格图和分类矢量图形式输出，并且支持同属性多边形合并。

(3) 三维可视化

本模块通过立体像对自动提取DEM实现三维可视化产品的制作，资源三号卫星搭载2台地面分辨率优于3.5 m的前视、后视全色TDI CCD相机，用户可使用订购的资源三号卫星前视和后视影像通过本模块自动提取DEM。

卫星影像DEM自动提取包括像点量测、平差定位解算、核线影像生产、立体影像密集匹配、点云构建DEM等，该模块提供了有控制点模式和无控制点自动生成DEM两种模式，并且匹配速度快、精度高，生成的DEM精度能够满足测绘应用的要求，可自动化、快速、大规模生产DEM三维可视化产品。

(4) 地形模型分析

本模块设计相应算法在用户上传的DEM或在线自动提取的DEM上进行地形模型的分析，包括生成坡度图、坡向图、阴影地貌图像等，从而制作相应的地形模型影像专题产品。

**3. 基于行业产品模板的专题产品在线制作功能**

本模块提供不同行业的专题影像产品制作模板，将用户上传数据与订购的资源三号卫星影像有效整合，制作标准分幅影像产品和不同行业影像专题产品。

(1) 标准分幅影像产品制作

影像标准分幅：国家基本比例尺序列中的标准分幅按照国家标准进行分幅编

号，而国家标准中没用定义的比例尺分幅可根据用户需求自定义分幅方法及编号规则；

在进行标准分幅或自定义格网分幅时，提供重叠区域定义功能，用户可分别定义 X、Y 方向的重叠范围，单位可以是像素或影像自身地理坐标单位。

用户可通过定义行列间距或输入分幅行列号的方法自定义分幅格网，并将影像分幅输出；

支撑海量影像标准分幅批处理。

(2) 行业影像专题产品制作

本模块以用户上传数据或订购的资源三号卫星遥感影像为数据源，为国土、农林水利、海洋、城市建设、生态资源环境监测等行业提供影像专题产品制作模版。

土地利用方面：土地利用与覆盖动态监测专题制作模版以二调土地利用分类标准作为参考，分别对耕地、园地、林地、草地、商务用地、住宅用地、交通运输用地等进行分类和动态变化监测，也可以以此为基础进一步分类。主要采取目视解译、影像分类、设定阈值等方法相结合对各种用地进行划分，从而提取多时相遥感影像变化信息。土地利用与覆盖动态变化监测专题产品制作流程如图 8－33 所示。

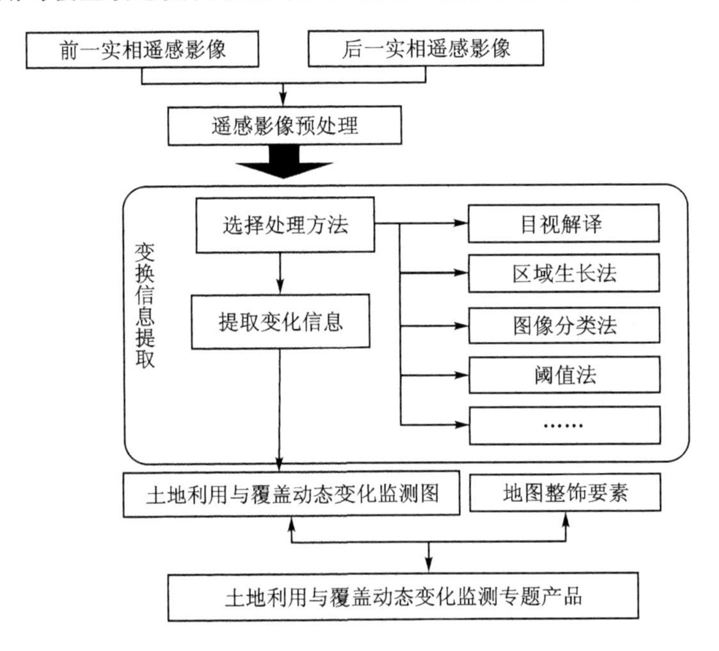


**图 8－33　土地利用与覆盖动态变化监测专题产品制作流程**

水污染方面：主要包括水体富营养化、悬浮物、水体透明度、石油污染、废水污染、热污染等水污染动态监测专题模版。主要依靠遥感影像的光谱特征，充分利用资源三号卫星蓝、绿对水体的吸收特征，通过波段计算与光谱分析等方法提取各种污染信息，从而进行多时相遥感影像的变化分析。水污染动态监测专题产品制作流程如

图 8 - 34 所示。

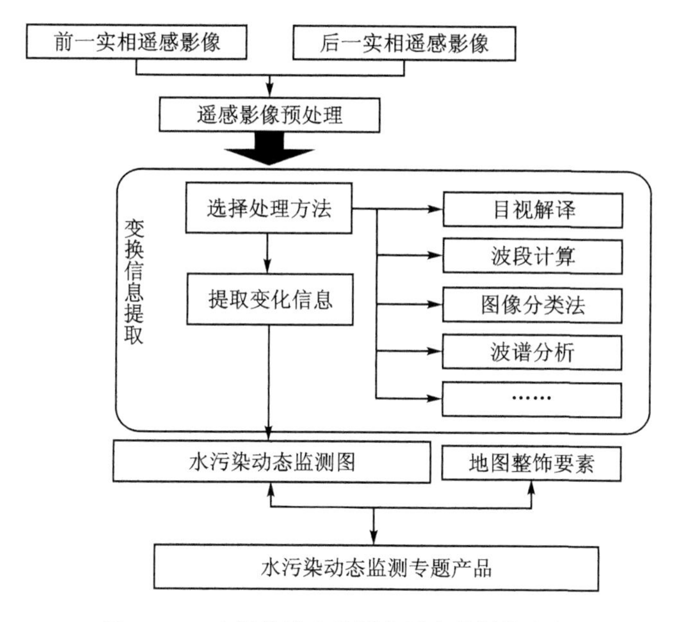


**图 8 - 34　水污染动态监测专题产品制作流程**

另外本模块还提供海岛礁、海沿岸线自动识别、森林火灾监测、秸秆焚烧监测、冰雪信息提取等行业专题模版，充分发挥资源三号卫星数据的优势，为上述行业领域提供可行、便捷的行业解决方案。

### 4. 产品在线定制输出

本模块提供通过互联网直接对授权用户分发定制产品的功能，授权用户在影像处理生成定制专题产品之后，可以选择相应的格式将在线制作的结果影像专题产品下载并存储到本地。



### 5. 统计报表(图)在线制作功能

如图 8 - 35 所示，本模块提供柱形图、折线图、条形图、饼状图和散点图等多种报表统计方式，用户可通过上传本地数据(可转化为统计信息文本文件)或在线手动编辑两种方式输入统计信息，可选择系统预设的多种统计样式进行统计分析，并与相应的影像产品进行空间位置的关联。提供统计信息和定制影像产品联动显示的功能，当用户选择某条信息，可快速查看与其关联的影像定制产品缩略图。

### 6. 属性查看与输出

授权用户可在线查看定制影像产品的相关辅助信息(元数据表)，并输出下载到本地计算机。

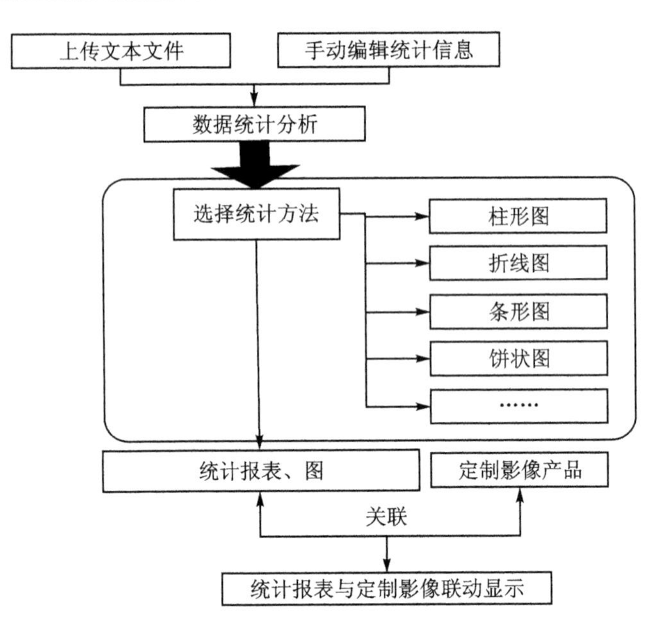


**图 8-35　统计报表、图制作流程**

#### 8.3.2.5　模块性能

(1) 提供多种形式的产品定制服务,包括常规影像在线处理、专题应用产品在线处理、基于产品模板在线处理、产品在线定制输出、统计报表在线制作等。

(2) 支持 50 个用户在线定制与处理服务。

(3) 提供 10 种以上专题或行业地图模板。

(4) 各种在线图像处理性能指标。



(a) 格式转换

包括 GeoTIFF、ERMAPPER ECW、ERDAS IMG 等多种影像格式,影像量化级别包括 8 Bit、12 Bit、16 Bit、Float 和 Double 的影像数据格式。

支持的 DEM 格式包括 BIL、ERDAS IMG、ARCGIS ASCII 和国标 DEM 格式等。

支持的矢量数据格式包括:Coverage、Shapefile、DXF 和 DGN 等。

(b) 辐射校正

目前支持的数据包括 GeoTIFF、TFW、ERMAPPER ECW 和 ERDAS IMG 等影像格式,影像量化级别包括 8 Bit、12 Bit、16 Bit、Float 和 Double 的影像数据。

(c) 正射校正

除了支持资源三号卫星数据的传感器轨道模型,还支持的传感器轨道模型有 CBERS、尖兵、环境系列、北京系列、遥感系列等,通过读取影像传感器高度、太阳高度角和方位角等参数信息,实现加入 DEM 信息的正射校正功能。

(d) 图像增强

本模块适用于各类遥感影像,支持遥感影像数据源包括光学卫星(例如:HJ-1-A/B/C、CBERS-02B/03/04、BJ-1、遥感系列、QuickBird、Landsat-7等),雷达卫星(例如:遥感系列、环境减灾系列等)。

影像量化级别包括8 Bit、12 Bit、16 Bit、Float和Double的影像数据。

(e) 海量数据快速拼接裁切

海量(超过200 GB)遥感影像数据的快速拼接处理,能够接边缝色彩平衡自动处理;

海量数据的快速裁切处理,裁切方式包括基于矢量数据、基于影像数据、基于自定义多边形等多种裁切方式。

## 8.3.3 影像地图在线制图服务模块

在线制图服务模块是指将用户订购的资源三号卫星影像产品数据、用户上传的本地数据、用户在线绘制的空间数据及标注,以及用户通过在线自助处理服务模块制作的产品数据等多源异构数据进行融合,通过模板库的标准地图符号化和地图的图面整饰,制作符合相关规范的影像地图,并且完成影像地图在线输出和影像地图属性查看及输出的功能。

### 8.3.3.1 技术路线

本模块功能都是基于浏览器快速执行显示,当用户提交作业后不需要等待,要求快速在浏览器显示,因此不需要采用condor作业调度系统。任务快速执行后,结果直接由Web Service公共接口,通过APP程序设计,采用Java Script最终在客户端浏览器体现。图8-36为在线制图服务模块实现技术路线。



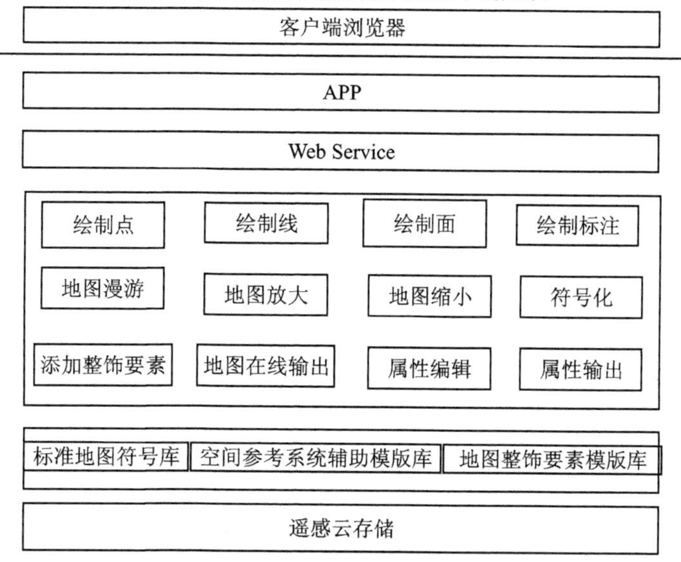


图8-36 在线制图服务模块实现技术路线

### 8.3.3.2　功能模块结构图

在线制图服务模块结构图如图 8 - 37 所示。

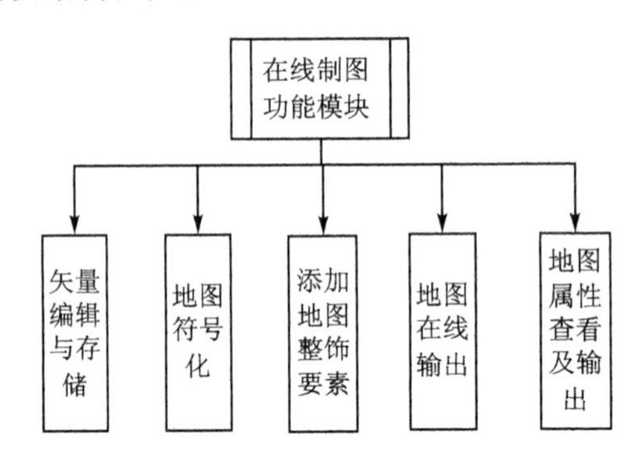


图 8 - 37　在线制图服务功能模块结构图

### 8.3.3.3　功能介绍

**1. 矢量编辑与存储**

提供点、线、面、标注在线绘制工具，用户可直接在可视化的影像或定制产品上进行相应的矢量编辑，并分别对点、线、面的样式和属性进行编辑。点、线、面分别以不同的文件存储，方便随时调用。矢量存储文件可与用户上传的数据、订购的资源三号卫星数据以及在线定制影像专题产品有效整合，形成用户综合数据源。

**2. 地图符号化**

提供标准地图符号辅助模板库，用户可对绘制的点、线、面矢量信息按照模板库中的标准符号进行渲染，包括颜色、样式和型号的编辑。也可以自定义符号样式并存储到模板库中，保证生成的影像地图的矢量数据符合相应的标准规范和美观。



**3. 添加地图整饰要素**

提供标准地图整饰要素，用户在制图过程中可按照国家或行业相关标准及规范对地图要素（包括图名、图例、比例尺、指北针、网格等）进行添加，并编辑地图要素样式与位置。用户也可根据自己的喜好和行业规范自定义要素样式并存储到模板库中。还可以在影像地图中添加该产品满足的空间精度、制作单位和日期等辅助信息。

**4. 地图在线输出**

用户按要求制作地图之后可进行工程输出，需要设置页面大小、边框距离和位置等信息，可选择相应的格式将制作的标准地图下载到本地或在线打印输出。

**5. 地图属性查看及输出**

用户可在线查看定制影像地图产品的制图日期、时间、使用底图类型和添加的地图整饰要素属性等相关辅助信息，并将文件以文本的形式输出下载到本地。

#### 8.3.3.4 模块性能

提供满足测绘行业规范的地图在线符号库和地图整饰模板库，地图符号和地图整饰要素均在 30 种以上。

### 8.3.4 自主影像服务发布与推送模块

自主影像服务发布与推动模块，一方面是指用户可通过此模块在线对外发布定制的影像产品或服务，方便用户在其他网络下的在线影像产品展示，保证用户定制的产品和服务能够便捷的迁移。另一方面，对于长期合作的授权用户，软件更新影像时及时向用户推动该影像数据。

#### 8.3.4.1 主要技术方法

**1. 影像图的塔形数据结构**

影像图的多分辨塔形结构是指在一定分辨率范围内，对原始的超大影像图按离散分辨率级进行分层，再对这些图像层分割切片，并将切片分别处理保存。这样获得的数据结构就像是用石块堆砌起来的金字塔一样(如图 8－38 所示)。

GIS 中基本的塔形数据结构应用主要是正射影像的浏览，由于正射影像巨大的数据量的原因，一般的计算机很难做到对这种数据的快速浏览，而塔形数据结构能很好地实现这一功能。系统运行主要包含以下几个过程：

(1) 获得已知参数：确定当前分辨率级 i 和当前显示范围 $rect_{win}=(x_{win}, y_{win}, w_{win}, h_{win})$；

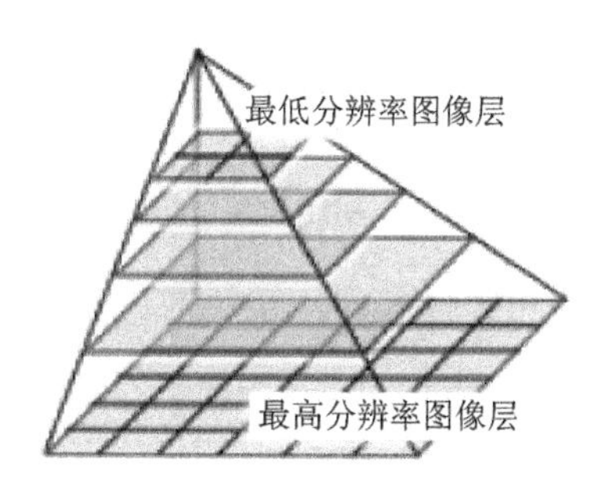


图 8－38　金字塔数据结构图

(2) 确定显示所需的切片范围$(x_s, x_e)*(y_s, y_e)$；

(3) 调入切片后对其进行分辨拼接并显示；

(4) 系统先根据已知参数，计算切片的范围$(x_s, x_e)*(y_s, y_e)$，再遍历范围中的所有切片，计算切片编号并保存为切片编号矩阵 SID；

$$SID=\{SID_{x,y}=ID_{i,(x+x_s),(y+y_s)} \mid 1 \leqslant x \leqslant x_e-x_s+1, 1 \leqslant y \leqslant y_e-y_s+1 \}$$

(5) 再根据所得到的编号矩阵，到数据库中对应的位置取出数据发布到客户端，最终实现影像图的重构。

**2. 超大影像图的互联网发布三层结构方案**

典型的三层结构的逻辑划分为：客户层、服务器层和数据库层。客户层只需安装完成一定功能的应用程序，它负责处理与用户和服务器层的通信和交互；服务器层主要处理长事务和应用逻辑，然后根据应用逻辑将请求转化为数据库请求并获得所需的数据；数据库层负责数据的有效组织和管理。经过分析，本书选择以下技术方案：

客户层浏览器端：利用 Java Script 对复杂图形的操作编辑能力在客户端生成图形界面并实现与用户的交互，另一方面，利用 Java Script 和 Web Service 的通信向服务器层发送客户的请求并对响应的数据重构影像图，最终显示在浏览器中。

服务器层：参照 OGC 制定的相关标准规范采用基于 Web Service 的公共接口技术。Web Service 可以很好地充当在客户层和服务器层的数据传输媒介，作为中间层技术，Web Service 实现了 Java Script 和系统之间的高速数据传输；每次浏览查询影像图都是和服务器的交互，这样频繁通信的特殊性要求客户层和服务器层必须有高效的请求和响应能力，Java Script 和 Web Service 的集成提供了优秀的解决方案。

数据库层：在 Couchbase Server 中，超大影像图根据塔形数据结构按层、行和列有序的存储。

三层结构实现超大影像图互联网发布具有以下优点，把复杂的业务逻辑从客户端分离出来，很好地解决网络的负载平衡问题；服务器端直接请求数据库获取所有数据再传输到客户端，可以避免多次远程请求数据库层，大大提高数据的网络发布速度，从而使用户更好地快速浏览和查询所需信息；加上传输时间的大大减少，使得用户浏览信息时的视觉效果大大增强。

#### 8.3.4.2 功能模块结构图

自主影像服务发布与推送功能模块结构图如图 8-39 所示。



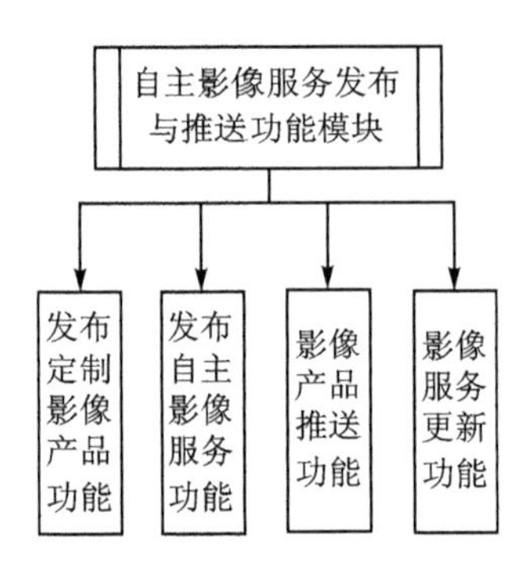


**图 8-39 自主影像服务发布与推送功能模块结构图**

#### 8.3.4.3 功能介绍

**1. 影像定制产品发布**

提供用户定制产品发布的界面，通过产品定制服务子系统定制的自主影像产品可以对外发布成影像产品。针对超大影像在 Internet 上快速发布存在数据量大、带宽像对窄、用户访问集中等问题，采用塔形数据结构来组织影像数据，对原始的超大影像图按离散分辨率级进行分层，再对这些图像层分割切片，并将切片分别处理保存，实现基于金字塔结构的全球海量卫星影像瓦片数据组织。

为更好地实现分布式计算解决服务器过载等一系列问题，在基于塔形数据结构的基础上采用 Java Script 技术，很好地实现客户端影像图的重构。

用户在进行产品发布之前可以根据需要通过设定用户名和密码的方式指定授权用户，保障用户数据的安全性。

**2. 定制自主影像服务发布**

本模块提供多种形式的服务发布类型，包括 WMS、KML、WFS 和 WCS 等。用户通过产品定制服务子系统生产的定制影像产品可以以上述几种服务类型对外发布成影像服务。

(1) WMS 是地图描述服务，用户可以通过该服务中提供的图层集合生成地图。

(2) WFS 是地图要素服务。按照要素类型组织要素集合，客户端可以更新数据。

(3) WCS 是发布“Converage”(栅格数据)给用户端的服务，客户端可以获取数据并直接使用数据进行处理分析工作。

(4) KML 是 Google 数据格式的一种服务，能够将地图输出为 KML 文档格式，服务浏览页面包含 KML 连接，可直接用 Google Earth 打开。

用户在进行服务发布之前可以根据需要设置用户的权限，只有以系统管理员的身份才可以浏览、创建、停止、启动和删除服务，保障用户数据的安全性。

**3. 影像产品推送服务**

本模块提供定制影像产品推送服务，采用 Comet 服务器端推送技术，将数据直接从服务器推到浏览器。对于中心长期合作的授权用户，在服务器上影像数据更新后及时向用户推送该影像数据，并建立相应提醒，通过邮件或短信等方式提醒用户及时接收下载。



COMET 的精髓就在于用服务器与 Java Script 来维持浏览器的长连接，同时完成服务端事件的浏览器端响应。

**4. 影像服务更新**

对于合作授权用户，服务器影像数据更新后，根据用户的定制任务，系统会同步更新用户的影像服务，并及时向用户推送。

#### 8.3.4.4　模块性能

支持 50 个用户服务发布与推送。

### 8.3.5　遥感影像服务后台管理功能模块

遥感影像服务管理功能模块主要是卫星测绘应用中心针对提供的遥感影像服务

进行后台管理与监测，根据用户的需求和环境的变化，适时调整服务和资源的分配，灵活、高效地为用户提供服务和资源。

#### 8.3.5.1　功能结构图

遥感影像服务管理功能模块结构图如图 8－40 所示。

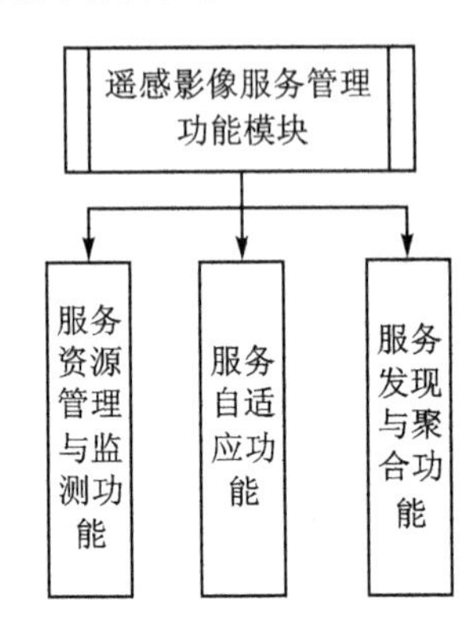


图 8－40　遥感影像服务管理功能模块结构图

#### 8.3.5.2　功能介绍

**1. 服务资源管理与监测**

目前应用比较广泛的开源服务监控软件有 Ganglia、Zenoss Core、Nagios、Cacti、Hyperic HQ 和 OpenQRM 等，经过充分的对比调查研究，针对云服务分布式高性能并行计算的特点，采用 Gangia 分布式监控系统与 portal 技术相集成。实时监控云服务后台服务资源与服务状态，并将统计信息通过网页形式展现。



设计 Gangia 用于测量数以千计的节点。每台计算机都运行一个收集和发送度量数据（如处理器速度、内存使用量等）的名为 gmond 的守护进程，它从操作系统和指定主机中收集。接收所有度量数据的主机可以显示这些数据并且将其精简表单传递到层次结构中。最后以数字和图表的形式统计服务响应时间、服务实例数、服务访问量、服务工作时间和 CPU 使用等信息反馈给用户。

中心内部管理人员通过一个浏览器便可纵观全局上千台服务器的各种运行状态，快速、正确地认识用户的需求和环境变化，适时调整大规模分布式环境下的异构资源分配，实现资源类型及其管理属性的动态匹配，如图 8－41 所示。

**2. 服务自适应**

系统提供自适应服务的功能，能够根据用户需求的动态性和并发性以及环境变化来驱动资源三号测绘卫星遥感影像云服务的自适应性服务链，实现多任务之间的协同服务。

当多个作业需要系统同时处理的时候，传统的并行计算机通常采用空间共享的

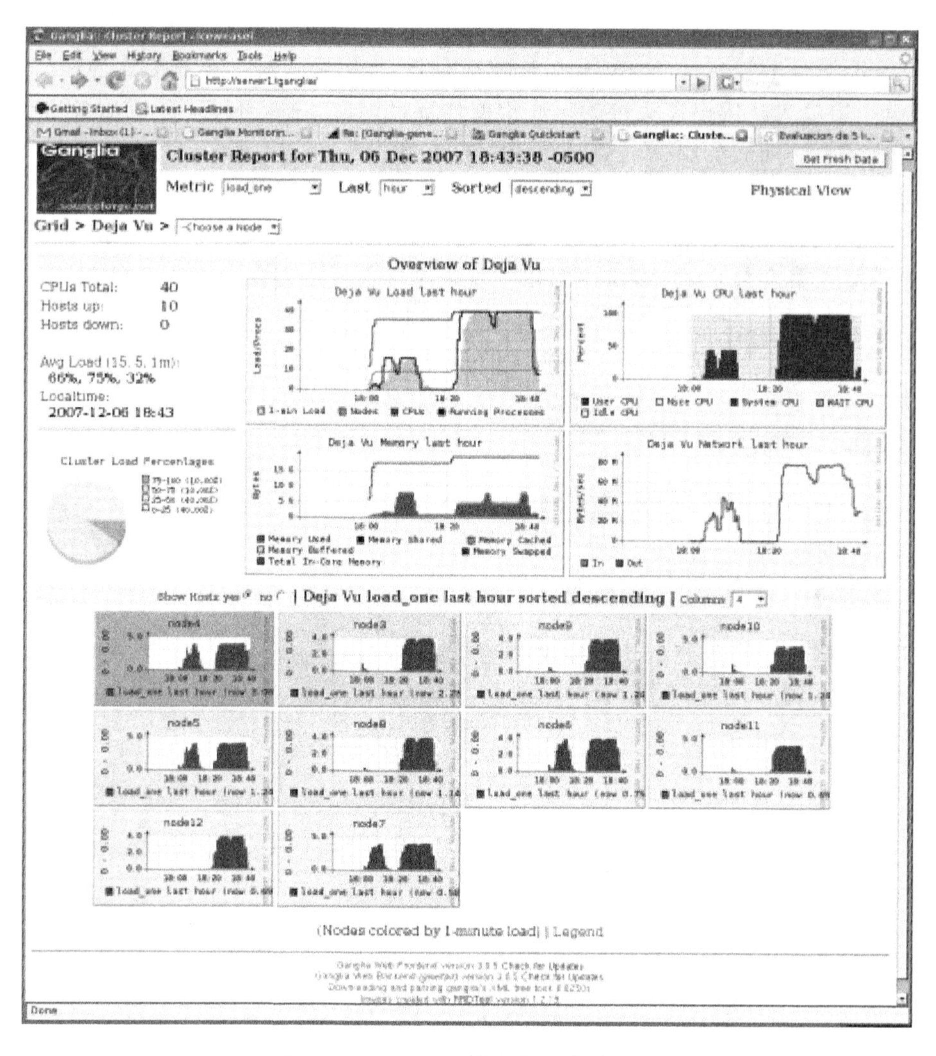


**图 8-41　Gangia 服务资源监控界面**

分配模式。但在云环境中更多的是基于时间片转轮，即一个系统节点可能同时运行多个并行任务，针对大规模复杂系统，云计算机系统的自适应服务管理与优化的研究思想是自上而下、综合考虑的。

通过二次平均时间序列预测法对未来一个时段内的业务负载峰值进行预测，并将预测值交予云平台转化为资源需求。对给定的资源需求，模型通过不断寻找最小虚拟机所能提供的资源与预期资源需求量之差的向量长度，做出虚拟机调度决策。

**3. 服务发现与服务聚合**

服务发现与聚合功能是指系统根据用户需求和订单任务，自动在后台查找、发现和组织相关的服务资源，将结果展示给用户并提供导航模板帮助用户快速地构造组合服务应用。

云计算认为"一切皆服务"是一种纯粹面向服务的体系构架。云服务聚合是实现云计算按需服务的技术关键，按需服务则正是云计算所强调的服务按需使用、易扩展、资源利用最大化等诸多标准的核心价值体现。因此，在云环境下研究服务聚合是直击云计算软件即服务层(SaaS)问题研究的关键。

而云计算则强调以用户为中心，体现以人为本的价值理念，同时，可以支持用户自主定义相关的安全策略以影响聚合服务方案的生成。可以认为，云计算除了体现服务器端服务聚合外，还能够人性化和个性化地体现客户端自主服务聚合。

#### 8.3.5.3 模块性能

满足软件安全性及可靠性要求，具备非常完备的安全运行措施，保障每天24小时，每年365天可用。

### 8.3.6 用户定制任务流程解析功能模块

#### 8.3.6.1 功能模块结构图

用户定制任务流程解析功能模块如图8-42所示。

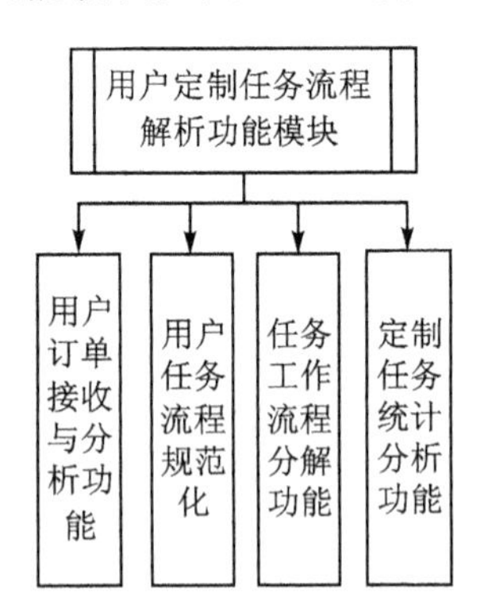


图8-42 用户定制任务流程解析功能模块图



#### 8.3.6.2 功能介绍

**1. 用户订单接收与分析**

用户订单接收与分析功能是指系统接收授权用户提出的进行产品定制服务的需求后，将订单需求分析转化为产品/服务定制的初始条件驱动用户任务的分解和进一步处理。

用户提交产品订单、数据采集单或产品定制单之后，系统根据提交的规格化XML文件对用户订单进行接收和分析。在此需要建立用户订单语义库，通过语义知识库对订单进行翻译，将订单需求分析转化为产品或服务定制的初始条件驱动用户任务的分解和进一步处理。

用户订单解析内容如图8-43所示。

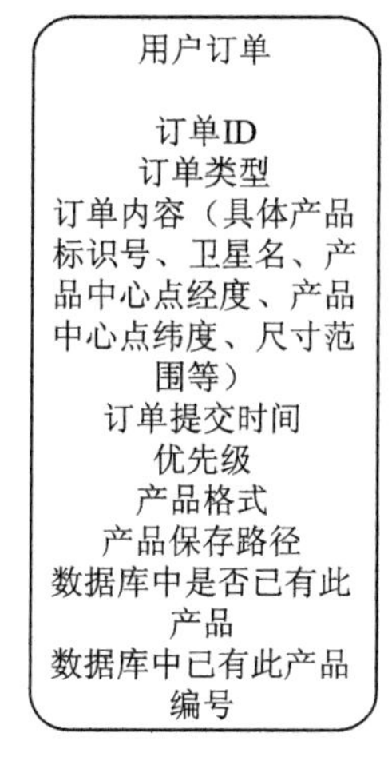


**图8-43 用户订单表**

### 2. 用户任务流程规范化

综合常规影像处理和服务机制，制定通用任务流程策略，规范任务流程工序，建立产品从定制到产品/服务的规范化工作流程，如图8-44所示。

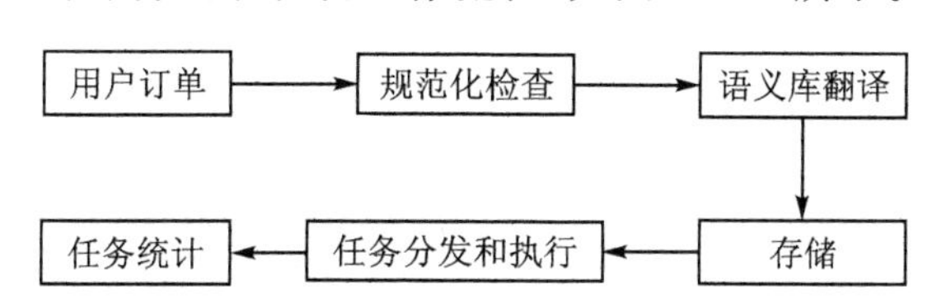


**图8-44 用户定制任务流程**

### 3. 任务工作流程分解

任务工作流程分解功能是指用户订单通过系统语义库翻译之后，根据用户任务规范化流程，将订单任务分解为多条可执行的单一处理任务，并为每条单一任务设置执行顺序，将任务分配到相应模块进行处理。完成产品定制从订单接收、流程化制作和生产到发布的整个流程调度，并及时向客户反馈业务流程节点。

### 4. 定制任务统计分析

定制任务统计分析功能是指系统在完成用户定制任务的同时自动统计各种产品定制任务的业务量、每一流程节点的业务处理时间。管理人员可通过业务统计量对业务处理能力做综合评价和分析，以便对产品定制服务子系统后期的软、硬件进行升级和改进。

#### 8.3.6.3 模块性能

用户发布订单后，系统能够按照用户任务规范化流程严格分解订单任务并按顺序执行。

### 8.3.7 自主影像定制服务辅助模块库功能模块

自主影像定制服务辅助模板库包括空间参考系统辅助模板库、地图符号库辅助模板库、地图整饰辅助模板库和地理信息相关数据的元数据辅助模板库。此模块的功能主要是对上述模板库进行后台管理和前台调用，预设多样式的模板库，为用户提供标准而便捷的服务。

#### 8.3.7.1 功能模块结构图

自主影像定制服务辅助模块库功能模块如图8-45所示。

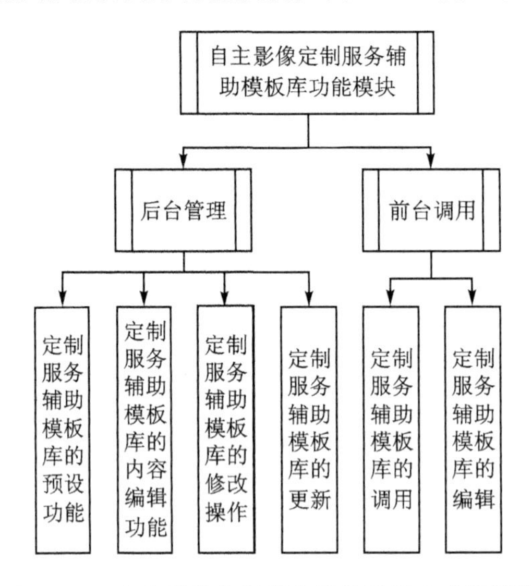


图8-45 自主影像定制服务辅助模板库功能模块

#### 8.3.7.2 功能介绍

**1. 自主影像定制服务模板库后台管理**

根据国家测绘行业标准规定，国家基本比例尺地形图、电子地图等地图表示的各种颜色、地貌要素符号和注记的颜色、规格、使用的原则、要求以及地图整饰等相关技术要求建立本系统空间参考系统辅助模板库、地图符号库辅助模板库、地图整饰辅助模板库以及地理信息相关数据的元数据辅助模板库。并可对其进行预设和管理，包括内容的编辑和属性的修改，要求根据国家、行业标准和规范做定期更新。

**2. 自主影像定制服务模板库的调用**

用户可在相应的功能模块调用空间参考系统辅助模板库、地图符号库辅助模板库、地图整饰辅助模板库、地理信息相关数据的元数据辅助模板库，并且可对模板进行用户自定义编辑和添加，存储到模板库中。

#### 8.3.7.3　模块性能

提供满足测绘行业规范的空间参考系统辅助模板库、地图符号库辅助模板库、地图整饰辅助模板库、地理信息相关数据的元数据辅助模板库。

# 第 9 章

# 经济效益和社会效益

## 1. 经济效益

高分遥感云服务与物联网技术融合的典型城市应用关键技术的研究将带来巨大的经济效益。据统计，遥感卫星已经形成了继通信卫星之后的第二大应用市场，近 10 年来遥感数据销售额每年以 15%～20%以上的增长率发展。产业和经济发展的需求是物联网发展更大的一种拉动力。一种技术难度有限、社会需求强烈的产物，快速发展是必然的。有专家预测，10 年内物联网就可能大规模普及。如果预测成真，建设物联网必然需要大量的信息传感设备，互联网也需要加速升级。因此，相关设备生产产业将大大发展，与之相配套的服务产业也将应运而生。到那时，物联网将是继计算机、互联网与移动通信网之后的又一次信息产业浪潮，将迎来一个上万亿元规模的高科技市场。高分遥感云服务与物联网技术融合将大大节约服务成本和提升服务质量，带动新技术和产业的发展，给企业和管理部门带来更高的经济效益、提高企业的竞争力，在一定程度上促进经济的增长。

## 2. 社会效益

随着我国高分辨率对地观测系统重大专项的大力开展，以及物联网技术的广泛应用，我国越来越重视高分遥感云服务与物联网融合技术的应用。高分遥感云服务与物联网技术的融合是民生服务的新亮点，其应用面很宽，将带动新的产业特别是现代服务业的发展，信息整合时代的到来将给社会带来翻天覆地的变化，任何事物可以在任何时间、任何地点互联，实现智能互动，对城市的发展和管理有着不可估量的现实意义和社会意义。

# 参考文献


[1] 国家测绘局.国家地理信息公共服务平台专项规划(2009—2015)[G].北京:国家测绘局,2009.

[2] 吴立新,杨宜舟,秦承志,等.面向新型硬件构架的新一代gis基础并行算法研究[J].地理与地理信息科学,2013,29(4):1-8.

[3] 李德仁,袭健雅,邵振峰.从数字地球到智慧地球[J].武汉大学学报:信息科学版,2010,35(2):127-132.

[4] 李志刚.落实科学发展观,建设国家地理信息公共服务平台.中国地理信息应用报告.北京:化会科学文献出版社,2010.

[5] 翟鸿雁.基于物联网关键技术的智慧城市研究[J].物联网技术,2015,5(5):84-86.

[6] 汪芳,张云勇,房秉毅,等.物联网、计算构建智慧城市信息系统[J].移动通信,2014,35(15):49-53.

[7] Du C, Zhu S. Research on urban public safety emergency management early warning system based on technologies for the internet of things [J]. Procedia Engineering, 2012, 45: 748-754.

[8] 乔彦友,李广文,常原飞,等.基于GIS和物联网技术的基础设施管理信息系统[J].地理信息世界,2010,8(5):17-21.

[9] 邱向雪.物联网的发展及其在城市管理中的应用研究[J].数字技术与应用,2010(9): 13-14.

[10] 赵恩国,贾志永.物联网在城市管理中的应用和影响研究[J].生态经济,2014,30(10):122-131.

[11] 王青松.资源三号卫星三线阵影像DOM的自动生成[D].北京:北京建筑大学,2011.

[12] JingguoLv, Dehe Yang, Xiaona Wu. Multi-source Image Registration Based on Log-polar coordinates and Extension Phase Correlation, Remote Sensing Science[J]. 2014, 2(1):1-7.

[13] 吕京国.基于神经网络集成的遥感图像分类与建模研究[J].测绘通报,2014,3(2):32-36.

[14] 陈曦,翟国方.物联网发展对城市空间结构影响初探——以长春市为例[J].地

理科学,2010,30(4):529-535.

[15] 韩博,熊琛,陆新征等. GPU/CPU 协同粗粒度并行计算及在城市区域震害模拟中的应用[J]. 地震工程学报, 2013,35(3):582-589.

[16] 吴松,陈海宝,金海. HPC Cloud 新兴的高性能计算模式[J]. 计算机学会通讯, 2011, 7(10): 48-55.

[17] 丁凡. 云环境中高性能计算应用的关键问题研究[D]. 兰州:兰州大学,2014.

[18] 石林. GPU 通用计算虚拟化方法研究[D]. 长沙:湖南大学, 2012.

[19] Daniela Poli. Orientation of satellite and airborne imagery from multi-line pushbroomsensors with a rigorous sensor model[J]. International Archives of Photogrammetry and Remote Sensing,35:130-135.

[20] Kaichang Di,Ruijin Ma,Rong Xing Li. Rational functions and potential for rigorous sensor model Recovery, Photogrammetric Engineering and Remote Sensing,2003,69(1):33-41.

[21] Zhang Li,Gruen Armin. Automatic DSM Generation from Linear Array Imagery Data. Intemational Arehives of the Photogrammetry,Remote Sensing and Spatial information Sciences,2004,35:128-133.

[22] Zhang Li,Gruen Armin. Multi-image matehing for DSM generation from IKONOS Imagery[J]. ISPRS Journal of Photogrammetry&Remote Sensing,2006, 60:195-211.

[23] 贾博. 三线阵 CCD 月面影像 DEM 生成研究[D]. 郑州:解放军信息工程大学,2010.

[24] 赵斐,胡莘,关泽群,等. 三线阵 CCD 影像的像点自动匹配技术研究[J]. 测绘科学,2008,33(4):12-14.

[25] Junichi T, Noriko F, Aki G, et al. High Resolution DEM Generation from ALOS PRISM Data-Triplet Image Algorithm Evaluation[C] . IEEE International Geoscience and Remote Sensing Symposium,Toulouse,France,2003.

[26] Takaku J, Tadono T. PRISM On-Orbit Geometric Calibration and DSM Performance[J]. IEEE Transactions on Geoscience and Remote Sensing,2009, 47(12): 4060-4073.

[27] Tadono T, Shimada M, Murakami H, et al. Calibration of PRISM and AVNIR-2 Onbroad ALOS "Daichi"[J]. IEEE Transactions on Geoscience and Remote Sensing,2009, 47(12): 4042-4050.

[28] 王任享. 三线阵 CCD 影像卫星摄影测量原理[M]. 北京:测绘出版社,2006.

[29] 纪松. 线阵影像多视匹配自动提取 DSM 的理论与方法[D]. 郑州:解放军信息工程大学,2008.

[30] 赵英时. 遥感应用分析原理与方法(第二版) [M]. 北京:科学出版社, 2013.

[31] 张祖勋,张剑清. 数字摄影测量学(第二版)[M]. 武汉:武汉大学出版社,2012.

[32] 李德仁. 我国第一颗民用三线阵立体测图卫星——资源三号测绘卫星[J]. 测绘学报,2012,41(3):317-322.

[33] Jingguo Lv, Weizhe Kong, Dongyue Li. An application of 3-D Harris operator in video frame feature detection,2014 International Conference on Sensors Instrument and Information Technology(ICMEP 2014) 2014. 01, pp 1323-1328,Guangzhou china,2014.

[34] Jingguo Lv, Dehe Yang, Feng Yuan,Minghui Yang ,Monitoring Grounde Deformation Using Extracted DEM from Stereo-pair Images of ALOS/PRISM (EI),2012 4th International Conference on Mechanical and Electrical Technology(ICMET 2012),2012,07,pp 1378-1381, Kuala Lumpur, Malaysia,2012.

[35] 徐文,龙小祥,喻文勇,等."资源三号"卫星三线阵影像几何质量分析[J]. 航天返回与遥感,航天返回与遥感,2012,33(3):55-65.

[36] Harris C G, Stephens M J. A. Combined Corner and Edge Detector[J]. Proceedings Fourth Alvey Vision Conference. Manchester,1988: 147-151.

[37] 王启春,郭广礼,查剑锋. 基于图像灰度的点特征提取算子参数自适应研究[J]. 测绘科学技术学报,2012,29(6):435-439.

[38] 李彬彬,王敬东,李鹏. 基于图像分割的置信传播立体匹配算法研究[J]. 红外技术,2011,33(3):167-172.

[39] 李传广,郭海涛, 张江水,等. 一种基于动态规划的遥感影像与GIS矢量数据匹配方法[J]. 测绘科学技术学报,2010,27(4):270-274.

[40] 刘静. 利用DEM对卫片进行正射纠正生产DOM的探讨[J]. 河南理工大学(自然科学版),2010,29(2):196-200.

[41] 张剑清,张勇,郑顺义,等. 高分辨率遥感影像的精纠正[J]. 武汉大学学报·信息科学版,2004,29(11):994-998.

[42] 张过,潘红播,江万寿,等. 基于RPC模型的线阵卫星影像核线排列及其几何关系重建[J]. 国土资源遥感,2010,4:1-5.

[43] 刘军,张永生,王冬红. 基于RPC模型的高分辨率卫星影像精确定位[J]. 测绘学报,2006,35(1):30-34.

[44] 王任享, 胡莘,王建荣. 天绘一号无地面控制点摄影测量[J]. 测绘学报,2013,42(1):1-5.